U0169405

仪器分析实验

主　编　刘兴利　李萌甜　赵志刚
副主编　夏　卉　徐富建　常凤霞　周彩霞

西南交通大学出版社
·成　都·

图书在版编目（ＣＩＰ）数据

仪器分析实验 / 刘兴利，李萌甜，赵志刚主编. —
成都：西南交通大学出版社，2022.8
ISBN 978-7-5643-8812-6

Ⅰ. ①仪… Ⅱ. ①刘… ②李… ③赵… Ⅲ. ①仪器分
析－实验－高等学校－教材　Ⅳ. ①O657-33

中国版本图书馆 CIP 数据核字（2022）第 136728 号

Yiqi Fenxi Shiyan
仪器分析实验

主　编／刘兴利　李萌甜　赵志刚　　　　责任编辑／牛　君
　　　　　　　　　　　　　　　　　　　　封面设计／原谋书装

西南交通大学出版社出版发行

（四川省成都市金牛区二环路北一段 111 号西南交通大学创新大厦 21 楼　610031）
发行部电话：028-87600564　　028-87600533
网址：http://www.xnjdcbs.com
印刷：四川煤田地质制图印刷厂

成品尺寸　185 mm×260 mm
印张　10.75　字数　228 千
版次　2022 年 8 月第 1 版　　印次　2022 年 8 月第 1 次

书号　ISBN 978-7-5643-8812-6
定价　39.80 元

仪器分析是以测量物质的物理和物理化学性质为基础的分析方法，具有简便、快捷、灵敏、选择性好、自动化程度高等特点，对样品的微痕组分测定、结构分析是极为重要的分析测试手段。"仪器分析实验"是"仪器分析"课程重要的实验教学环节，是化学、应用化学、化工、环境、材料、制药、生命科学、食品科学等本科专业的一门重要的专业基础课程。通过本课程的学习，可使学生进一步了解和掌握仪器分析的基本原理、仪器的基本操作方法、仪器主要参数的选择和设置、仪器的使用与维护、各种仪器分析方法的实际应用，从而培养学生严谨、细致的科学态度和分析解决问题的能力，提高其实验技能和分析处理数据的能力，为将来从事分析测试及相关研究工作打下良好基础。

本教材是编者在总结长期仪器分析理论及实验教学的基础上，根据仪器分析实验教学大纲的要求，结合化学与环境实验教学中心现代仪器分析实验室仪器实验条件和不同专业的教学要求整理编写而成的。以基础性、应用性为原则，对实验原理、仪器结构进行简单阐述，对实验步骤、仪器操作、注意事项进行详细叙述，以便学生预习和完成实验。本教材共 9 章，共编写实验 37 个，实验内容包括气相色谱法、高效液相色谱法、电位分析法、电导分析法、库仑分析法、伏安法、紫外-可见分光光度法、分子荧光分析法、原子发射光谱法、原子吸收光谱法、原子荧光光谱法、红外吸收光谱法等，附录包括实验室安全注意事项、常用表格、数据处理等，内容简明扼要，重难点突出。

本教材具有如下特点：

（1）实验内容涉及化学、化工、环境、材料、食品、医药等学科领域，综合性强，适用范围广。

（2）教材中实验所用仪器的采购和维护成本合理，方法简单可行，大多数高等院校具有开设相关实验的能力，实用性强，推广性好。

（3）实验内容聚焦社会需求，贴近日常生活，有利于提高学生的学习兴趣、动手能力，有利于开展课程思政教学。

　　本教材的编写、出版得到了西南民族大学教育部第二批新工科研究与实践项目（E-HGZY20202026）的大力支持，教材的出版也得到了西南交通大学出版社的支持，在此一并表示诚挚的感谢。

　　由于本教材的编写是教学团队在实验教学改革方面的尝试，还有待进一步探索和完善，加之编者的学识水平有限，教材中不妥之处在所难免，敬请专家和读者批评指正。

编　者

2022 年 1 月于西南民族大学

CONTENTS

1

气相色谱法

1.1 气相色谱法原理及应用

色谱法是根据混合物中各组分在固定相和流动相两相间的分配不同而进行的分离分析方法。气相色谱法（Gas Chromatography，GC）是采用气体作为流动相的色谱分析法，适合于分析气体和低沸点、易挥发、热稳定性好的液体或固体样品。根据固定相的不同，气相色谱主要分为气-固色谱和气-液色谱，两者的分离机理不同。气-固色谱的固定相为多孔性的固体吸附剂颗粒，其分离机理为各气体组分在固定相中多次吸附与脱附，由于固体吸附剂对试样中各组分的吸附能力的不同，从而得以分离。气-液色谱的固定相由担体和固定液所组成，其分离机理为各气体组分在固定相中多次溶解与挥发，由于固定液对试样中各组分的溶解能力的不同，从而得以分离。气相色谱法具有分离效能高、灵敏度高、选择性高、分析快速快、应用范围广等特点，是生活、生产、科研中分离分析的一种常备手段，广泛应用于化学、化工、环境、农业、食品、医药、生物等领域。

1.2 实验内容

实验 1-1　色谱柱理论塔板高度的测定

一、实验目的

（1）巩固气相色谱法的分离原理。
（2）掌握气相色谱仪的结构、分析流程和操作步骤。
（3）熟悉 BF-2002 色谱工作站的使用方法。
（4）掌握微量注射器的使用。

二、基本原理

在色谱分离技术发展初期，马丁等人将色谱分离过程比作蒸馏过程，因而直接引用了处理蒸馏过程的概念、理论和方法来处理色谱过程，即将连续的色谱过程看作是许多小段平衡过程的重复。这个半经验理论（塔板理论）把色谱柱比作一个分馏塔，色谱柱由许多假想的塔板组成（塔板个数为塔板数 n），在每一小段（塔板高度）内，组分在气-液两相间达成分配平衡，经过多次分配，试样中各组分先后流出色谱柱，根据塔板理论假设可推导出：

$$n=16(t_R/W)^2,$$

$$H=L/n$$

式中　n ——理论塔板数；

　　　t_R——被测组分的保留时间，min；

　　　W ——被测组分峰宽，min；

　　　H ——理论塔板高度，cm；

　　　L ——色谱柱长，cm。

由此，可以通过气相色谱流出曲线，得到标准样品保留时间及峰宽，从而计算理论塔板数和理论塔板高度。

理论和有效塔板数或理论和有效塔板高度是色谱柱效能的主要评价指标，通常有效理论塔板数越多，有效理论塔板高度越小，色谱柱效能越高。它们除了与固定相的性质和色谱操作条件有关之外，还与色谱柱的装填效果密切相关。因此，对于新装填的色谱柱，必须进行性能评价。由于各组分在固定相和流动相中的分配系数不同，因而对于同一色谱柱而言，不同组分的柱效也不相同，所以应该指明是何种物质的分离效能。

仪器结构及分析流程：见 1.3.1 节。

三、实验方法

1. 实验条件

（1）仪器型号：3420A 型气相色谱仪（北京北分瑞利分析仪器公司）。

（2）色谱柱：OV-101 固定液（甲基聚硅氧烷），2 m×3 mm 不锈钢螺旋柱。

（3）检测器：热导池检测器（TCD），热丝温度 220 ℃（桥电流约 90 mA）。

（4）载气及流速：N_2，30 mL/min。

（5）温度：柱温 120 ℃，进样口温度 150 ℃，检测器温度 220 ℃。

（6）进样量：1 μL。

（7）BF-2002 色谱工作站。

（8）试剂：色谱纯环己烷。

2. 实验步骤

（1）标准溶液配制

准确量取色谱纯环己烷标准溶液，备用。

（2）设置实验条件

设置柱温 120 ℃，进样口温度 150 ℃，升温；当温度稳定后，打开热导池热丝开关，设定热丝温度为 220 ℃。

仪器操作步骤：见 1.3.2.1 节。

（3）进样

待基线平直后，用微量注射器取 1 μL 环己烷，进样，同时点击计算机软件上绿色按键"采集样品"。

进样操作：见 1.3.1 进样系统；BF-2002 色谱工作站：见 1.3.2.2 节。

（4）停止采集

当色谱峰出完以后，点击红色按键，此时"停止采集"数据。

（5）数据记录

将鼠标放在色谱峰处，点击右键，从"峰尺寸"处记录环己烷的理论塔板数及保留时间，重复进样 3 次，计算其理论塔板高度。

四、数据处理

根据 BF-2002 工作站记录理论塔板数 n，由公式计算理论塔板高度 H。

五、思考题

（1）影响色谱柱理论塔板高度的因素有哪些？
（2）在开机时为什么要先打开气，再开主机电源，而关机时又恰恰相反？
（3）载气流速如何影响色谱柱的分离效能？

六、注意事项

（1）峰的高度与塔板数无关。
（2）当仪器条件固定后，塔板数与进样技术有关。

实验 1-2　气相色谱内标法测定白酒中乙酸乙酯的含量

一、实验目的

（1）掌握气相色谱内标法的定量依据。
（2）巩固气相色谱仪的结构和使用方法。
（3）熟悉相对校正因子的测定方法。

二、实验原理

白酒的主要成分是乙醇和水（占总量的 98%～99%），同时还有使白酒呈香味的酸、酯、醇、醛等种类众多的微量有机化合物（占总量的 1%～2%）。其中，乙酸乙酯是白酒香气成分的主要组成之一，它的含量高低在一定程度上可以有效鉴别白酒的质量等级。目前，检测乙酸乙酯的标准方法是气相色谱内标法定量。内标法是指将一种纯物质作为内标物加入试样中，进行色谱分析，根据待测物和内标物的质量及其在色谱图上响应的峰面积和相对校正因子，求出待测组分含量的一种方法。由于内标物和被测组分处在同一基体中，处理条件相同，因而在一定程度上可以克服样品前处理、进样量和仪器条件不一致等引起的误差，消除基体带来的干扰，是一种比较准确的定量方法，特别适合于复杂样品和微量组分的定量分析。

当对样品的情况不了解，样品的基体很复杂或不需要测定样品中所有组分时，可采用内标法进行定量分析。本实验通过内标法测定酒样中乙酸乙酯的含量，其基本原理为：

准确量取乙酸乙酯标准溶液和内标物进样，再在样品中加入一定量内标物进样，分别得到两个对应的色谱峰，乙酸乙酯和内标物质量以 m_i 和 m_s 表示，峰面积以 A_i 和 A_s 表示，则

标准品：$\dfrac{m_{i标准}}{m_s} = \dfrac{f_i A_{i标准}}{f_s A_{s标准}}$ ，$m_{i标准} = m_s \dfrac{f_i A_{i标准}}{f_s A_{s标准}}$

样品：$\dfrac{m_{i样品}}{m_s} = \dfrac{f_i A_{i样品}}{f_s A_{s样品}}$ ，$m_{i样品} = m_s \dfrac{f_i A_{i样品}}{f_s A_{s样品}}$

由于两式 $\dfrac{f_i}{f_s}$ 相等，因此

$$乙酸乙酯含量（\text{g/100 mL}）= \frac{(A_i / A_s)_{样品}}{(A_i / A_s)_{标准}} \times \frac{m_{s样品}}{m_{s标准}} \times \frac{m_{i标准}}{V_{样品} \times 10^{-2}}$$

内标物要满足以下要求：

（1）试样中不含有该物质；

（2）与被测组分性质（极性）比较接近；

（3）不与试样发生化学反应；

（4）出峰位置应位于被测组分附近，且无组分峰影响。

仪器结构及分析流程：见 1.3.1 节。

三、实验方法

1. 实验条件

（1）仪器型号：3420A 型气相色谱仪（北京北分瑞利分析仪器公司）。

（2）色谱柱：KB-5（5%苯基二甲基聚氧硅氧烷柱），30 m×0.32 mm×0.5 μm 毛细管柱。

（3）检测器：氢火焰离子化检测器（FID）。

（4）载气及流速：氮气 30 mL/min；氢气 30 mL/min；空气 300 mL/min。

（5）温度：柱温 80 ℃，进样口温度 150 ℃，检测器温度 150 ℃。

（6）进样量：1 μL。

（7）BF-2002 色谱工作站。

（8）试剂：色谱纯乙酸乙酯、正丙醇（内标物），分析纯无水乙醇。

（9）样品：白酒。

2. 实验步骤

（1）标准溶液的配制

精密移取 1.00 mL 正丙醇和 1.50 mL 乙酸乙酯于 10.00 mL 容量瓶中，用 50%乙醇稀释，定容，摇匀。

（2）样品溶液的配制

精密移取 1.00 mL 正丙醇和 9.00 mL 白酒样品，定容，摇匀。

（3）设置实验条件

设置柱温 80 ℃，进样口温度 150 ℃，检测器温度 150 ℃，升温，点火。

仪器操作步骤：见 1.3.2.1 节。

（4）进样

待基线平直后，用微量注射器取 1 μL 标准溶液进样，同时点击计算机软件上绿色按键"采集样品"，当色谱峰出完以后，点击红色按键，此时"停止采集"数据。记录乙酸乙酯和正丙醇的出峰时间及峰面积。再用微量注射器取 1 μL 样品溶液进样，同时采集信号，记录乙酸乙酯和正丙醇的出峰时间及峰面积。

进样操作：见 1.3.1 进样系统；BF-2002 色谱工作站：见 1.3.2.2 节。

四、数据处理

用内标法以色谱峰面积计算白酒样品中乙酸乙酯的含量，填入表 1-1。

表 1-1　酒样中乙酸乙酯含量的测定

溶液编号	标准溶液			样品溶液		
	A_i	A_s	A_i/A_s	A_i	A_s	A_i/A_s
1						
2						
3						
平均峰面积						
乙酸乙酯含量/（g/100 mL）						

$$乙酸乙酯含量（g/100\ mL）=\frac{(A_i/A_s)_{样品}}{(A_i/A_s)_{标准}}\times\frac{m_{s样品}}{m_{s标准}}\times\frac{m_{i标准}}{V_{样品}\times10^{-2}}$$

备注：$m_{i标准}=\rho_{i标准}\times V_{i标准}$，乙酸乙酯密度为 0.900 g/mL，$V_{样品}=10.00-1.00=9.00$ mL

五、思考题

（1）气相色谱内标法的优缺点是什么？

（2）本实验中选择正丙醇作为内标物，它应符合哪些条件？

（3）如何判断所出色谱峰分别是何种物质？

实验 1-3　维生素 E 胶丸中维生素 E 的含量测定

一、实验目的

（1）掌握气相色谱内标法测定药物含量的方法与计算。

（2）熟悉气相色谱仪的工作原理和操作方法。

（3）了解气相色谱法在药物分析中的应用。

二、实验原理

维生素 E（Vitamin E）是一种脂溶性维生素，又称生育酚，是最主要的抗氧化剂之一。维生素 E 可溶于脂肪和乙醇等有机溶剂中，不溶于水，对热、酸稳定。维生素 E 的化学结构为：

维生素 E 胶丸的主要成分为维生素 E，主要用于心脑血管疾病、动脉粥样硬化、流产、不孕症等的辅助治疗。准确分离和测定维生素 E 胶丸中维生素 E 的含量，可以更全面地控制药品的质量。目前，《中国药典》（2010 年版）测定维生素 E 胶丸中维生素 E 的含量按照气相色谱内标法测定，本品含维生素 E（$C_{31}H_{52}O_3$）应为标示量的 90.0% ~ 100.0%。

仪器结构及分析流程：见 1.3.1 节。

三、实验方法

1. 实验条件

（1）仪器型号：3420A 型气相色谱仪（北京北分瑞利分析仪器公司）。

（2）色谱柱：OV-17（50%苯基-50%甲基聚硅氧烷柱），30 m×0.32 mm×0.5 μm 毛细管柱。

（3）检测器：氢火焰离子化检测器（FID）。

（4）载气及流速：氮气 5 mL/min；氢气 5 mL/min；空气 50 mL/min。分流进样，

分流比 1：20。

（5）温度：柱温 270 ℃，进样口温度 290 ℃，检测器温度 300 ℃。

（6）进样量：1 μL。

（7）BF-2002 色谱工作站。

（8）试剂：维生素 E 对照品、正三十二烷、正己烷。

（9）样品：维生素 E 胶丸。

2. 实验步骤

（1）标准溶液的配制

取正三十二烷适量，加正己烷溶解并稀释成 1.0 mg/mL 的溶液，摇匀，作为内标溶液。精密称取维生素 E 对照品约 20 mg，置于棕色具塞锥形瓶中，精密加入内标溶液 10 mL，密塞，振摇使溶解。

（2）样品溶液的配制

精密称取维生素 E 胶丸样品 20 粒，倾出内容物，囊壳用乙醚洗净，置通风处使溶剂自然挥发完，再精密称取囊壳质量，求得平均每粒装量。精密称取内容物适量（约相当于维生素 E 20 mg），置棕色具塞锥形瓶中，精密加入内标溶液 10 mL，密塞，振摇使溶解。

（3）设置实验条件

设置柱温 270 ℃，进样口温度 290 ℃，检测器温度 300 ℃，升温，点火。

仪器操作步骤：见 1.3.2.1 节。

（4）进样

待基线平直后，用微量注射器取 1 μL 维生素 E 标准溶液进样，同时点击计算机软件上绿色按键"采集样品"，当色谱峰出完以后，点击红色按键，此时"停止采集"数据。记录对照品的出峰时间及峰面积。再用微量注射器取 1 μL 样品溶液进样，同时采集信号，记录样品中维生素 E 的出峰时间及峰面积。

进样操作：见 1.3.1 进样系统；BF-2002 色谱工作站：见 1.3.2.2 节。

四、数据处理

用内标法以色谱峰面积计算维生素 E 胶丸样品中维生素 E 的含量，填入表 1-2。

表 1-2　维生素 E 胶丸中维生素 E 含量的测定

溶液编号	对照品溶液			样品溶液		
	A_i	A_s	A_i/A_s	A_i	A_s	A_i/A_s
1						
2						
3						
平均峰面积						
维生素 E 含量/%						

$$维生素 E 含量（\%）= \frac{(A_i / A_s)_{样品}}{(A_i / A_s)_{标准}} \times \frac{m_{s样品}}{m_{s标准}} \times \frac{m_{i标准}}{m_{样品}} \times 100\%$$

五、思考题

（1）正己烷和正三十二烷的作用分别是什么？

（2）本实验是否要求每次进样速度和进样量保持一致？为什么？

实验 1-4 气相色谱外标法测定白酒中甲醇的含量

一、实验目的

（1）巩固气相色谱仪的使用方法。

（2）掌握外标法定量的原理。

（3）了解气相色谱法在产品质量控制中的应用。

二、实验原理

在酿造白酒的过程中，原料中的甲醇酯易在曲霉的作用下释放出甲氧基，从而形成甲醇，因此，白酒中不可避免地存在甲醇成分。根据国家标准（GB 10343—2008），食用酒精中甲醇含量应低于 0.1 g/L（优级）或 0.6 g/L（普通级）。利用气相色谱法可分离、检测白酒中的甲醇含量。

外标法是最常用的定量方法。其优点是操作简便，不需要测定校正因子，计算简单。外标法定量结果的准确性主要取决于进样的重现性和色谱操作条件的稳定性，主要有两种具体方法：一是直接比较法，即将未知样品中某一物质的峰高或峰面积与该物质的标准品的峰高或峰面积直接比较进行定量，通常要求标准品的浓度与被测组分浓度接近，以减小定量误差；二是标准曲线法，即取待测试样的纯物质配成一系列不同浓度的标准溶液，分别取一定体积，进样分析，从色谱图上测出试样的峰面积（或峰高），由上述标准曲线查出待测组分的含量。本实验在相同的操作条件下，分别将等体积的试样和含甲醇的标准样进行色谱分析，由保留时间可确定试样中是否含有甲醇，通过直接比较法比较试样和标准样中甲醇峰的峰高，可确定试样中甲醇的含量。

仪器结构及分析流程：见 1.3.1 节。

三、实验方法

1. 实验条件

（1）3420A 型气相色谱仪（北京北分瑞利分析仪器公司）。

（2）色谱柱：GDX-102（聚苯乙烯-二乙烯苯共聚物，80～100 目），2 m×3 mm 不锈钢螺旋柱。

（3）检测器：氢火焰离子化检测器（FID）。

（4）载气及流速：氮气 45 mL/min；氢气 45 mL/min；空气 450 mL/min。

（5）温度：柱温 150 ℃，进样口温度 170 ℃，检测器温度 200 ℃。

（6）进样量：1 μL。

（7）BF-2002 色谱工作站。

（8）试剂：色谱纯甲醇、无甲醇的乙醇。

（9）样品：白酒。

2. 实验步骤

（1）标准溶液的配制

用 60%乙醇水溶液为溶剂，分别配制浓度为 0.1 g/L、0.6 g/L 的甲醇标准溶液。

（2）设置实验条件

设置柱温 150 ℃，进样口温度 170 ℃，检测器温度 200 ℃，升温，点火。

仪器操作步骤：见 1.3.2.1 节。

（3）进样

待基线平直后，用微量注射器取 1 μL 标准溶液进样，同时点击计算机软件上绿色按键"采集样品"，当色谱峰出完以后，点击红色按键，此时"停止采集"数据。得到色谱图，记录甲醇的保留时间。再用微量注射器取 1 μL 白酒样品溶液进样，同时采集信号，得到色谱图，根据保留时间确定甲醇峰。

进样操作：见 1.3.1 进样系统；BF-2002 色谱工作站：见 1.3.2.2 节。

四、数据处理

测量两个色谱图上甲醇峰的峰高。按下式计算白酒样品中甲醇的含量：

$$\rho = \rho_s \frac{h}{h_s}$$

式中　ρ ——白酒样品中甲醇的质量浓度，g/L；

　　　ρ_s ——标准溶液中甲醇的质量浓度，g/L；

　　　h ——白酒样品中甲醇的峰高，mV；

　　　h_s ——标准溶液中甲醇的峰高，mV。

计算白酒中甲醇的含量，分别与 0.1 g/L 和 0.6 g/L 甲醇标准溶液进行比较，判断白酒中甲醇是否超标。

五、思考题

（1）外标法定量的特点是什么？

（2）外标法定量的主要误差来源有哪些？

实验 1-5　气相色谱归一化法测定苯系物

一、实验目的

（1）掌握气相色谱归一化法定量的要求和计算。

（2）熟悉气相色谱仪的使用。

（3）了解气相色谱法在环境挥发性有机污染物分析中的应用。

二、实验原理

苯系化合物主要包括苯、甲苯、二甲苯，是建筑材料常用化合物。苯系化合物易燃、易挥发，而且毒性很高，于 1993 年被世界卫生组织（WHO）确定为强烈致癌物。因此对苯系物进行有效分离并定量分析十分重要。由于苯系化合物均具有挥发性，热稳定性好，因此可以通过气相色谱法将混合物进行分离、测定。归一化法是将试样中所有组分的含量之和按 100% 计算，以它们相应的色谱峰面积为定量参数。如果试样中所有组分均能流出色谱柱，并在检测器上都有响应信号，都能出现色谱峰，可用此法计算各待测组分 A_i 的含量。其计算公式如下：

$$w_i(\%) = \frac{m_i}{m} \times 100\% = \frac{f_i A_i}{f_i A_1 + f_i A_2 + \cdots f_i A_n} \times 100\%$$

归一化法简便、准确，进样量不影响定量的准确性，操作条件的变动对结果影响也较小，尤其适用多组分的同时测定。但若试样中有的组分不能出峰，则不能采用此法。应用归一化法定量的另一个困难是需明确所有组分的校正因子，在实际工作中较难实现。若在气相色谱中，某些同系物及结构类似物的校正因子相近（如苯、甲苯、二甲苯），可直接利用以下公式计算：

$$w_i(\%) = \frac{m_i}{m} \times 100\% = \frac{A_i}{A_1 + A_2 + \cdots A_n} \times 100\%$$

仪器结构及分析流程：见 1.3.1 节。

三、实验方法

1. 实验条件

（1）仪器型号：3420A 型气相色谱仪（北京北分瑞利分析仪器公司）。

（2）色谱柱：PEG-6000/6201（聚乙二醇），2 m×4 mm 不锈钢螺旋柱。

（3）检测器：热导池检测器（TCD），热丝温度 120 °C（桥电流约 80 mA）。

（4）载气及流速：N_2，30 mL/min。

（5）温度：柱温 110 °C，进样口温度 120 °C，检测器温度 120 °C。

（6）进样量：5 μL。

（7）BF-2002色谱工作站。

（8）试剂：色谱纯苯、甲苯、二甲苯。

（9）样品：苯、甲苯、二甲苯的混合物。

2. 实验步骤

（1）设置实验条件

设置柱温110 ℃，进样口温度120 ℃，升温；当温度稳定后，打开热导池热丝开关，设定热丝温度为120 ℃。

仪器操作步骤：见1.3.2.1节。

（2）标样的测定

待基线平直后，在相同的色谱条件下，用微量注射器分别抽取5 μL苯、甲苯、二甲苯标准溶液注射入进样口，点击计算机软件上绿色按键"采集样品"，开始测定。当色谱峰出完以后，点击红色按键，此时"停止采集"数据，记录各组分保留时间。

进样操作：见1.3.1进样系统；BF-2002色谱工作站：见1.3.2.2节。

（3）混合样品的测定

在相同的色谱条件下测定混合样品，记录谱图，存储并处理谱图数据。

四、数据处理

（1）记录各标准溶液中组分保留时间，填入表1-3。

表1-3 各标准溶液中组分保留时间

名称	苯	甲苯	二甲苯
保留时间/min			

（2）记录混合样品各组分保留时间与峰面积，利用归一化法计算其含量，填入表1-4。

表1-4 混合样品各组分保留时间与峰面积

峰编号	保留时间/min	物质名称	峰面积	含量/%
1				
2				
3				

五、思考题

（1）归一化法测定的要求是什么？

（2）如何确定各组分的含量？

实验 1-6　顶空气相色谱法测定原料药中残留有机溶剂

一、实验目的

（1）掌握外标法计算原料药中残留有机溶剂含量。

（2）熟悉气相色谱-氢火焰离子化法测定原料药中残留有机溶剂的方法。

（3）了解顶空气相色谱仪的工作原理。

二、实验原理

在原料药的制备合成工艺中，会使用到甲醇、乙腈、二氯甲烷、三氯甲烷等有机溶剂。而这些溶剂均可对人体健康产生一定危害，属于二类、三类受控溶剂，因此为控制药品质量，保障用药安全，需要对其残留量进行测定和控制。气相色谱分析时，很多样品由于组成和基体复杂，不能直接进样，需要进行前处理。传统的液固萃取、液液萃取等前处理方法都是用溶剂萃取样品组分，试剂纯度以及样品组分可能与溶剂形成共萃物，不可避免引入干扰因素。与之相比，顶空进样是用气体萃取样品组分，如用高纯且不干扰实验分析的气体，能减少实验的干扰因素，因而得以广泛应用。对于沸点范围较宽的试样，宜采用程序升温，即柱温按预定的加热速率，随时间作线性或非线性的增加，从而达到提高分离效率、缩短分离时间的目的。

仪器结构及分析流程：见 1.3.1 节。

三、实验方法

1. 实验条件

（1）仪器型号：3420A 型气相色谱仪（北京北分瑞利分析仪器公司）。

（2）色谱柱：HP-5（5%-苯基-甲基聚硅氧烷），30 m×0.25 mm×0.5 μm 毛细管柱。

（3）检测器：氢火焰离子化检测器（FID）。

（4）载气及流速：氮气 40 mL/min；氢气 40 mL/min；空气 450 mL/min。分流比：3∶1。

（5）温度：柱温 45 ℃，进样口温度 180 ℃，检测器温度 200 ℃。

（6）进样量：1 mL。

（7）BF-2002 色谱工作站。

（8）试剂：色谱纯甲醇、乙腈、二氯甲烷、三氯甲烷，分析纯二甲基甲酰胺（DMF）。

（9）样品：药片。

2. 实验步骤

（1）取甲醇 100 μL、乙腈 30 μL、二氯甲烷 10 μL、三氯甲烷 10 μL，分别用无有机物的水定容至 100.0 mL，作为定位溶液。

（2）另取上述同样量有机溶剂，混合，用无有机物的水定容至 100.0 mL，作为有机残留溶剂的对照溶液。

（3）精密称取某药物约 0.3 g，加 3.00 mL 无有机物的水使溶解（如果样品在水中不溶，可用适当浓度的二甲基甲酰胺水溶液溶解样品），作为供试品溶液。

（4）精密量取定位溶液、对照溶液和供试品溶液各 3.00 mL。分别置于容积为 10 mL 的带螺扣具孔盖的顶空取样瓶中，瓶口带隔膜垫，与顶部空气接触的隔膜垫上应有聚四氟乙烯膜使之与橡胶垫隔开，各瓶在 90 ℃ 的水浴（或空气浴）中加热 10 min，将注射器置于空试管中，在同一水浴（或空气浴）中加热后，抽取顶空气 1 mL，进样（自动或手工），重复进样 3 次。

（5）取定位溶液在上述色谱条件下测定，记录色谱图和保留时间。取对照溶液重复进样 3 次，当色谱峰出完以后，点击红色按键，此时"停止采集"数据，记录谱图中各成分峰的分离度、柱效及色谱峰面积。

（6）样品测定：取供试品溶液，在上述色谱条件下进样，记录各组分色谱峰面积。

四、数据处理

（1）溶液色谱参数及峰面积填入表 1-5。

表 1-5　溶液色谱参数及峰面积

有机溶剂	保留时间 /min	对照品峰面积（A_s）			理论塔板数 （n）	分离度 （R）	供试品峰面积（A）		
		1	2	3			1	2	3
甲醇									
乙腈									
二氯甲烷									
三氯甲烷									

（2）用外标法计算药品中残留有机溶剂组分含量。

$$\rho = \rho_s \cdot \frac{A}{A_s}$$

式中　ρ——样品中残留有机溶剂某一组分的浓度，g/L；

ρ_s——对照溶液中对应有机溶剂组分的浓度，g/L；

A——样品中残留有机溶剂某一组分的峰面积，μV·s；

A_s——对照溶液中对应有机溶剂组分的峰面积，μV·s。

五、思考题

（1）顶空进样有什么优缺点？

（2）本实验可否采用热导检测器？为什么？

1.3 仪器部分

1.3.1 气相色谱仪结构及分析流程

气相色谱仪由载气系统、进样系统、色谱分离柱、检测器和色谱工作站组成，见图 1-1、图 1-2。

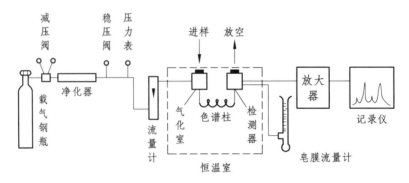

图 1-1 气相色谱仪结构及流程

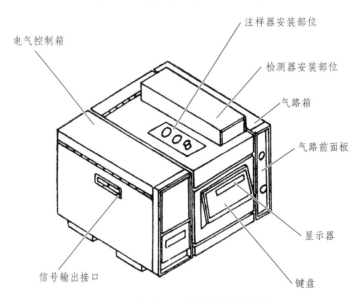

图 1-2 SP-3420 气相色谱仪外形

气相色谱仪分析流程如下：

分析前，选择适当的色谱柱和载气，用微量注射器把样品注入进样口，载气把试样带入色谱柱进行分离，分离后的组分依次进入检测器，检测器把组分质量或浓度转变成电信号，经过放大，记录器记录色谱图。根据色谱图对组分进行定性定量分析。

1. 载气系统

载气系统包括气源、净化干燥管和载气流速控制部件。常用的载气主要为氢气、氮气、氦气，气源通常为气体高压钢瓶或气体发生器。净化干燥管内主要填充分子筛、活性炭等，用于去除载气中的水、有机物等杂质。载气流速控制部件主要包括压力表、流量计、针形稳压阀，用于控制载气流速。

2. 进样系统

进样系统包括进样器和气化室。气体试样可通过注射器或定量阀进样，液体和固体试样经稀释或溶解后通过微量注射器（图1-3）进样。填充柱色谱常用10 μL微量进样器；毛细管色谱常用1 μL微量进样器；新型气相色谱仪器带有全自动液体进样器，清洗、润冲、取样、进样、换样等过程可自动完成。使用前要用丙酮等溶剂洗净，以免玷污样品，使用后也要立即清洗，以免样品中的高沸点物质玷污注射器。一般常用下述溶液依次清洗：5% NaOH水溶液、蒸馏水、丙酮、氯仿，最后用真空泵抽干。

微量注射器在使用中要注意以下几点：

（1）注射器要随时保持清洁，轻拿轻放。

（2）每次取样前先抽少许试样至注射器中再排出，重复此操作几次将注射器洗净。

（3）取样时应多些试样至注射器内，并将针头朝上，使空气泡上升排出，再将过量样品排出，保留需要的样品量。

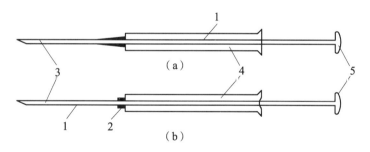

1—不锈钢丝芯子；2—硅橡胶垫圈；3—针头；4—玻璃管；5—顶盖。

图 1-3 微量注射器结构

（4）注射器内气泡，对于精确计算进样量有很大影响。在定量分析中，必须设法排出，可将针头插入样品内，反复抽排几次即可排出气泡。

（5）微量注射器是很精密的部件，易碎，使用时应多加小心，否则会损坏其准确度。不用时要洗净放入盒内，不要随意来回空抽，以免破坏其气密性。

进样方法：快进快出，否则会损失塔板数；针尖垂直进入，垂直拔出（图1-4）。

1—微量注射器；2—进样口。

图 1-4　微量注射器进样方法

气化室为将液体试样瞬间气化的装置，试样在气化室瞬间气化后，随载气进入色谱柱分离。

3. 色谱分离柱

色谱分离柱主要材质为不锈钢管或玻璃管，不锈钢柱内径为 3 ~ 6 mm，毛细管柱内径为 0.20 mm 或 0.32 mm，长度可根据需要确定，管内填充粒度为 60 ~ 80 目或 80 ~ 100 目的色谱固定相，气固色谱固定相为固体吸附剂，气液色谱固定相为担体和固定液，毛细管柱用内壁涂渍一层极薄而均匀的固定液。

4. 检测系统

检测系统通常由检测元件、放大器、显示记录三部分组成，被色谱柱分离后的组分依次进入检测器，按其浓度或质量随时间的变化，转化成相应的电信号，经放大后记录和显示，给出色谱图。气相色谱常用的检测器为热导检测器和氢火焰离子化检测器。

（1）热导检测器（Thermal Conductivity Detector，TCD），其核心部件为热导池。热导池由不锈钢块制成，有两个大小相同、形状对称的孔道，每个孔道固定一根金属丝，通常为电阻率高、电阻温度系数大、且价廉易加工的钨丝，即热导池的热敏元件。两个孔道分别称为参考臂和测量臂，其中，参考臂仅允许纯载气通过，通常连接在进样装置之前，测量臂需要携带被分离组分的载气流过，则连接在紧靠分离柱出口处。热导池如图 1-5 所示。

将 TCD 的测量池和参比池构成惠斯通平衡电桥，打开载气及电源，钨丝通电，载气通过测量池和参比池。当加热与散热达到平衡后，两臂电阻值相等，电桥平衡，无电压信号输出，记录仪走基线。进样后，载气携带试样组分流过测量臂，而这时参考臂流过的仍是纯载气，使测量臂的温度改变，引起电阻的变化，测量臂和参考臂的电阻值不等，产生电阻差，电桥失去平衡，产生电压信号，信号与组分浓度相关。记录仪记录下组分浓度随时间变化的峰状图形。热导检测器具有结构简单、灵敏度适宜、稳定性好等特点，对所有物质均有响应，因此为应用最广、最为成熟的检测器。

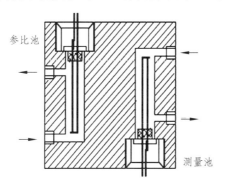

参比池

测量池

图 1-5　双臂热导池示意图

（2）氢火焰离子化检测器（Flame Ionization Detector，FID），简称氢焰检测器，其主要部分是一个离子室。离子室一般用不锈钢制成，包括气体入口、火焰喷嘴、一对电极和外罩。离子室如图 1-6 所示。氢焰检测器一般需要三种气体，其中，氮气作为载气携带试样组分通过检测器，氢气作为燃气，空气作为助燃气，在火焰喷嘴处形成氢火焰，使用时需要调整三者的比例关系，检测器灵敏度达到最佳。在发射极和收集极之间加有一定的直流电压（100～300 V）构成一个外加电场。当含有机物 C_nH_m 的载气由喷嘴喷出进入火焰时，在火焰热裂解区发生裂解反应产生自由基·CH，自由基进一步在火焰反应区与外面扩散进来的激发态原子氧或分子氧发生反应生成正离子 CHO^+ 和电子，正离子与火焰中大量水蒸气碰撞发生分子-离子反应，产生 H_3O^+，此过程产生的正离子和电子在外加恒定直流电场的作用下分别向两极移动而产生微电流（10^{-6}～10^{-14} A），在一定范围内，离子电流信号输出到记录仪，得到峰面积与组分质量成正比的色谱流出曲线。氢焰检测器对有机化合物具有很高的灵敏度，对无机气体、四氯化碳等含氢少或不含氢的物质灵敏度低或不响应，对水不响应，是典型的质量型检测器。

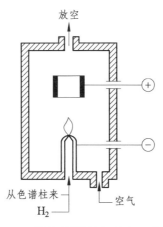

放空

＋

－

从色谱柱来
H_2

空气

图 1-6　氢焰检测器离子室示意图

1.3.2 气相色谱仪及工作站的使用方法

1.3.2.1 仪器操作步骤

1. 热导检测器

（1）打开载气（N_2）阀，调节至压力 0.4 MPa；

（2）打开主机电源；

（3）设置柱温、进样口温度、检测器温度，升温，走基线；

（4）基线平直后用微量注射器取样品进样，同时开始数据采集，选择 TCD 对应信号通道；

（5）在色谱工作站上做数据离线处理；

（6）实验结束后，将柱温降至室温，进样口、检测器温度降至 100 ℃ 以下；

（7）关主机电源；

（8）30 min 后关气源。

2. 氢焰检测器

（1）打开载气（N_2）阀，调节至压力 0.4 MPa；依次打开氢气和空气发生器，等待压力升至 0.4 MPa；

（2）打开主机电源；

（3）设置柱温、进样口温度、检测器温度，升温，点火，走基线；

（4）基线平直后用微量注射器取样品进样，同时开始数据采集，选择 FID 对应信号通道；

（5）在色谱工作站上做数据离线处理；

（6）实验结束后，依次关闭空气和氢气发生器；

（7）关主机电源；

（8）30 min 后关闭氮气。

注意：通载气后启动仪器，设定以上温度条件。待温度升至所需值时，打开 H_2 和空气，点燃 FID（点火时，H_2 的流量可大些），缓缓调节 N_2、H_2 及空气的流量至信噪比较佳时为止，待基线平衡后即可进样分析。

1.3.2.2 BF-2002 工作站的使用方法

（1）用微量注射器取 1 μL 样品进样，同时点击软件上绿色按键 ，采集样品，该状态下绿色按键变灰，出现红色按键 。

（2）色谱峰出完以后，点击红色按键 ，此时停止采集，该状态下红色按键变灰，再次出现绿色按键 。

（3）鼠标放在色谱峰处，点右键，选择峰尺寸，记录峰面积、理论塔板数、保留时间、拖尾因子、分离度等相关数据信息。

1.3.2.3　对气相色谱仪器的一般要求

通常所用载气为氮气。进样口温度应高于柱温 30 ~ 50 °C；进样量一般不超过数微升；柱径越细，进样量应越少。检测器为氢火焰离子化检测器，检测温度一般高于柱温，并不得低于 100 °C，以避免水汽凝结，通常为 250 ~ 350 °C。约典各品种项下规定的条件，除检测器种类、固定液品种及特殊指定的色谱柱材料不得任意改变外，其余如色谱柱内径、长度、载体牌号、粒度、固定液涂布浓度、载气流速、柱温、进样量、检测器的灵敏度等均可适当改变，以适应具体品种并符合系统适用性试验的要求。一般色谱图约于 30 min 内记录完毕。

1.3.2.4　系统适用性试验

用规定的对照品对仪器进行试验和调整，分析测试色谱柱的理论板数、分离度、重复性和拖尾因子，以达到规定的要求，保证分析的准确性。

1. 色谱柱的理论板数（n）

在选定的条件下，注入供试品溶液或内标物质溶液，记录色谱图，记录供试品主成分或内标物质峰的保留时间（t_R）和半峰高宽（$W_{h/2}$），按 $n = 5.54(t_R/W_{h/2})^2$ 计算色谱柱的理论板数。如果测得理论板数低于规定的理论板数，应改变色谱柱的某些条件（如柱长、载体性能、色谱柱充填的优劣等），使理论板数达到要求。注意：测得的各项参数可以采用时间或长度计，但必须取相同单位。

2. 分离度（R）

要求被测物色谱峰与其他峰或内标峰之间的分离度应大于 1.5。分离度的计算公式如下：

$$R = \frac{2(t_{R2} - t_{R1})}{W_1 + W_2}$$

式中　t_{R1}，t_{R2}——相邻两峰的保留时间；

　　　W_1，W_2——此相邻两峰的峰宽。

保留时间和峰宽可以采用时间或长度计，但两者必须取相同单位（图 1-7）。

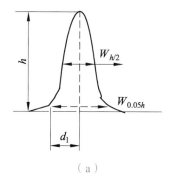

（a）

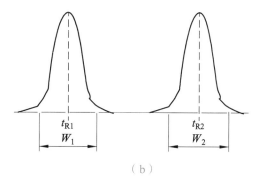

（b）

图 1-7　色谱图

3. 进样重复性

取对照溶液，连续进样 5 次，其峰面积测量值的相对标准偏差应小于 2.0%，也可按校正因子测定项下，配制相当于 80%、100%和 120%的对照品溶液，加入规定量的内标溶液，配成 3 种不同浓度的溶液，分别进样 3 次，计算平均校正因子，其相对标准偏差也应小于 2.0%。

4. 拖尾因子 T

取对照溶液或样品溶液进样，记录色谱图，计算拖尾因子，要求 T 为 0.95 ～ 1.05。

$$T = \frac{W_{0.05h}}{2d_1}$$

式中　$W_{0.05h}$——0.05 峰高处的峰宽；

d_1——峰极大值至峰前沿之间的距离（图 1-7）。

1.3.2.5　柱后载气流速的测定

在气相色谱中一般都用皂膜流速计在色谱柱出口测量载气的流速，皂膜流速计就是用一根有刻度的玻璃管（如碱式滴定管）下接三通管，下面接一橡皮头，橡皮头内装有肥皂水，载气从三通管的另一端通入，当需要测定流速时，用手挤压橡皮头，使肥皂水液面上升，让皂液面高于载气入气口，则形成一气泡，在气液推动下，气泡沿刻度管向上移动，用秒表测出气泡移动一定刻度所需的时间，即可算出载气流速。这样测得的流速相当于柱出口压力（即当时的大气压）和室温时的流速值，必要时将其校正到柱温柱压下的平均体积流速。

1.3.2.6　载气的最佳流速的测定

（1）以环己烷为试样，用微量注射器，每次取样 1 μL，在不同的载气流速下进行色谱试验。

（2）根据色谱试验所得色谱图，按基本原理计算出各流速时的理论塔板数和理论塔板高度。

（3）根据上述计算结果，以理论塔板高度（cm）为纵坐标、载气流速（mL/min）为横坐标作图，并从图中找出载气的最佳流速。

1.3.2.7　定量方法

定量测定时，可根据供试品的具体情况采用峰面积法或峰高法，测定杂质含量时，须采用峰面积法。

（1）内标法加校正因子测定供试品中某个杂质或主成分含量

校正因子测定：精密称（量）取对照品和内标物质，分别配成溶液，精密量取各溶液适量，混合，配成校正因子测定液。取一定量注入仪器，记录色谱图。测量对照品和内标物质的峰面积或峰高，按下式计算校正因子：

$$校正因子（f）= \frac{A_s / C_s}{A_r / C_r}$$

式中　A_s，A_r——内标物质和对照品的峰面积或峰高；

　　　C_s，C_r——内标物质和对照品的浓度。

样品测定：精密称（量）取样品适量，配成溶液。精密量取样品溶液与内标溶液适量，混合，配成样品测定液。取一定量注入色谱仪，记录色谱图。测量供试品溶液中待测成分（或其杂质）和内标物质的峰面积或峰高，按下式计算含量：

$$含量（C_x）= f \cdot \frac{A_x}{A_s / C_s}$$

式中　A_x——供试品（或其杂质）的峰面积或峰高；

　　　C_x——供试品（或其杂质）的浓度。

　　　f，A_s 和 C_s 的意义同前。

当配制校正因子测定用的对照溶液、供试品溶液使用同一份内标物质溶液时，则配制内标物质溶液不必精密称（量）取。

（2）外标法测定供试品中某个杂质或主成分含量

精密称（量）取对照品和供试品，配制成溶液，分别精密取一定量，注入仪器，记录色谱图，测量对照品和供试品溶液中待测成分的峰面积（或峰高），按下式计算含量：

$$含量（C_x）= C_r \frac{A_x}{A_r}$$

注意事项：气相色谱法为手动进样，进样量不易精确控制，应特别注意留针时间和室温的影响。

1.3.2.8　进样方法

1. 直接进样法

取标准溶液和供试品溶液，分别连续进样 3 次，每次 1 μL，测得相应的峰面积，以内标法测定时，计算待测物峰面积与内标物峰面积之比，供试品溶液所得的峰面积比的平均值不得大于由标准溶液所得的峰面积比的平均值。以外标法测定时，供试品溶液所得的待测物峰的平均面积不得大于由标准溶液所得的待测物峰的平均面积。

2. 顶空进样法

精密量取标准溶液和供试品溶液各 3~5 mL。分别置于容积为 10~20 mL 的带螺扣具孔盖的顶空取样瓶中，瓶口带隔膜垫，与顶部空气接触的隔膜垫上应有聚四氟乙烯膜使之与橡胶垫隔开，各瓶在 60~90 ℃ 的水浴（或空气浴）中加热 10~80 min，用在同一水浴（或空气浴）中的空试管中加热的注射器抽取顶空气 1 mL，进样（自动或手动），重复进样 3 次，按直接进样法中所述内标法及外标法进行测定、计算与处理。

2 高效液相色谱法

2.1 高效液相色谱法原理及应用

高效液相色谱法是 20 世纪 70 年代发展起来的一种新型分离分析技术，它是在经典液相色谱基础上引入气相色谱的理论，采用高压泵、高效固定相和高灵敏度检测器等先进技术发展而来的。因此高效液相色谱法具有分析速度快、分离效率高、灵敏度高、操作自动化和应用范围广等优点。随着各种新型色谱分离材料和柱技术的发展以及各种分离模式和联用技术的发展，高效液相色谱法已经成为人们认识客观世界必不可少的工具，为解决化学化工、生物、医药、环境、食品等领域中复杂样品的分离分析和分离纯化提供了重要的手段。

高效液相色谱法是采用液体作为流动相，根据混合物中各组分在固定相和流动相两相间的分配不同而进行的分离分析方法。当流动相中携带的混合物流经固定相时，与固定相发生相互作用。由于混合物中各组分在性质和结构上的差异，与固定相之间产生的作用力的大小、强弱不同，随着流动相的移动，混合物在两相间经过反复多次的分配平衡，使得各组分被固定相保留的时间不同，从而按一定次序由流动相中流出，同时与适当的柱后检测方法结合，可以实现混合物中各组分的分离与检测。

2.2 实验内容

实验 2-1   高效液相色谱内标对比法测定扑热息痛的含量

一、实验目的

（1）巩固高效液相色谱法的分离原理及分析对象。

（2）掌握用内标对比法测定药物含量的原理和计算方法。

（3）熟悉高效液相色谱仪的仪器结构、分析流程和使用方法。

（4）了解 Survey 色谱工作站的基本使用方法。

二、实验原理

1. 对乙酰氨基酚测定原理

扑热息痛即对乙酰氨基酚，为解热镇痛药物。其溶液在$(257 \perp 1)$ nm 波长处对紫外光有最大吸收，因此可用高效液相色谱紫外检测器定量测定其含量。扑热息痛在其生产过程中，有可能引入对氨基酚等中间体，这些杂质也有紫外吸收，因此采用高效液相色谱法测定含量比紫外吸收光谱法更为合适。

扑热息痛和非那西汀的分子结构式如下：

扑热息痛　　　　　　　　　　　　　　非那西汀（内标物）

2. 内标法原理

准确称取一定量的扑热息痛样品和对照品，设样品和对照品中扑热息痛质量 m_i，在样品和对照品中分别加入一定量内标物非那西汀 m_s，则

对照品：
$$\frac{m_i}{m_s} = \frac{f_i A_i}{f_s A_s}, \qquad m_i = m_s \frac{f_i A_i}{f_s A_s}$$

样品：
$$\frac{m_i}{m_s} = \frac{f_i A_i}{f_s A_s}, \qquad m_i = m_s \frac{f_i A_i}{f_s A_s}$$

$$\text{扑热息痛含量（\%）} = \frac{(A_i / A_s)_{样品}}{(A_i / A_s)_{对照}} \times \frac{m_{i对照}}{m_{s对照}} \times \frac{m_{s样品}}{W_{样品}} \times 100\%$$

式中　m_i——样品和对照品中扑热息痛的质量，g；

　　　m_s——样品和对照品中内标物的质量，g；

　　　A_i——样品和对照品中扑热息痛的峰面积；

　　　A_s——样品和对照品中内标物的峰面积；

　　　f_i，f_s——扑热息痛和内标物的定量校正因子；

　　　$W_{样品}$——称样量，g。

内标法的准确性较高，实验操作条件和进样量的稍许变动对定量结果的影响不大，但每个试样的分析，都要进行两次称量，不适合大批量试样的快速分析。

内标物应满足以下要求：

（1）试样中不含有该物质；

（2）与被测组分性质比较接近；

（3）不与试样发生化学反应；

（4）出峰位置应位于被测组分附近，且无组分峰影响。

仪器结构及分析流程：见 2.3.1 节。

三、实验方法

1. 实验条件

（1）仪器型号：STI-501（杭州赛智科技有限公司）或其他型号高效液相色谱仪。

（2）色谱柱：十八烷基键合硅胶（ODS）柱（120 mm×4.6 mm×5 μm）。

（3）流动相：甲醇-水（60：40）。

（4）流速：1.0 mL/min。

（5）检测器：紫外检测器，UV257 nm。

（6）内标物：非那西汀。

2. 实验步骤

（1）对照品溶液的配制：精密称取扑热息痛对照品 50 mg、内标物非那西汀 50 mg，置 100 mL 容量瓶中，加甲醇适量，振摇，使溶解，并稀释至刻度，摇匀。精密量取 1.00 mL，置 50 mL 容量瓶中，用流动相稀释至刻度，摇匀即得。

（2）样品溶液的配制：精密称取扑热息痛样品 50 mg、内标物非那西汀 50 mg，置 100 mL 容量瓶中，加甲醇适量，振摇，使溶解，并稀释至刻度，摇匀。精密量取 1.00 mL，置 50 mL 容量瓶中，用流动相稀释至刻度，摇匀即得。

（3）溶液抽滤：将流动相、对照品溶液和样品溶液用真空抽滤机进行抽滤，再用 0.45 μm 的滤膜过滤。

（4）仪器操作步骤：见 2.3.2.1 节。

（5）进样分析：

① 打开高效液相色谱仪和计算机的电源开关，待仪器自检结束后，将流动相调至所需比例，打开在线脱气，将流量从 0~1 mL/min 等梯度升高。

② 打开 Survey 色谱工作站控制软件，设置相关的实验条件。Survey 色谱工作站操作见 2.3.2.2 节。

③ 待监视器基线平直后，用微量注射器吸取对照品溶液，进样 20 μL，记录色谱图，重复 3 次。以同样的方法分析样品溶液。

四、实验数据处理

用内标法以色谱峰面积计算样品中扑热息痛的含量，填入表 2-1。

内标法工作站使用见 2.3.2.2 节。

$$\text{扑热息痛含量（\%）} = \frac{(A_i / A_s)_{\text{样品}}}{(A_i / A_s)_{\text{对照}}} \times \frac{m_{i\text{对照}}}{m_{s\text{对照}}} \times \frac{m_{s\text{样品}}}{W_{\text{样品}}} \times 100\%$$

表 2-1   扑热息痛含量的测定

溶液编号	对照品溶液			样品溶液		
	A_i	A_s	A_i/A_s	A_i	A_s	A_i/A_s
1						
2						
3						
平均峰面积 A						
扑热息痛含量/%						

五、思考题

（1）此实验中样品溶液和对照品溶液中的内标物浓度是否必须相同？为什么？

（2）内标对比法有何优点？如何选择内标物质？

（3）配制样品溶液时，为什么要使其浓度与对照品溶液的浓度相接近？

（4）内标法绘制工作曲线时，如果(A_i/A_s)-C_i 直线不通过原点，能否用内标对比法进行定量？

六、注意事项

（1）所有流动相要求用色谱纯，在进入液相色谱仪之前必须用 0.45 μm 的滤膜过滤，样品在进入进样阀之前必须用 0.45 μm 的针式过滤器过滤。

（2）反相色谱柱实验完成后应冲洗干净并保存在纯甲醇或乙腈中，并将堵头堵上，防止溶剂挥发。不能用纯水冲洗柱子，应该在水中加入 10% 的甲醇，防止填料冲塌陷。

（3）气泡会影响泵压及检测信号，流动相在进入色谱仪之前要进行脱气。抽取样品时，如果进样针中产生了气泡，要将气泡排除后再进样。

（4）实验中可通过选择适当长度的色谱柱，调整流动相中甲醇和水的比例或流速，使扑热息痛与内标物的分离度达到 1.5。

实验 2-2   高效液相色谱法测定药物中阿莫西林的含量

一、实验目的

（1）巩固高效液相色谱法的分离原理和分析对象。

（2）掌握高效液相色谱仪的结构、分析流程和使用方法。

（3）掌握外标法测定药物含量的原理和实验步骤。

（4）了解 Survey 色谱工作站的基本使用方法。

二、实验原理

1. 阿莫西林的测定

阿莫西林分子式为 $C_{16}H_{19}N_3O_5S \cdot 3H_2O$，相对分子质量 419.46，是 β-内酰胺类抗生素药，其结构如下：

青霉素类（penicillins）母核结构

阿莫西林的分子结构中的酰胺侧链为羟氨苄基（结构如下），具有紫外吸收特性，可用紫外检测器检测。此外分子中有一羧基，具有较强的酸性，因此使用 pH 小于 7 的缓冲溶液为流动相，采用高效液相色谱法进行测定。

2. 外标法原理

外标法常用于测定药物主成分或某个杂质的含量。外标法是以待测组分的纯品作对照品，以对照品和样品中待测组分的峰面积或峰高相比较进行定量分析。外标法包括工作曲线和外标一点法，在工作曲线的截距近似为零时，可用外标一点法，后者常简称外标法。外标法准确性较高，操作条件变化对结果准确性影响较大，故对进样量的准确性控制要求较高。

本实验采用外标一点法定量，分别精密称取一定量的对照品和样品，配制成溶液，分别进样相同体积的对照品溶液和样品溶液，在完全相同的色谱条件下进行分析，测得峰面积。用下式计算样品中待测组分的含量：

对照品： $\qquad m_s = f_s A_s$

样品： $\qquad m_i = f_i A_i$

上两式相除： $\qquad m_i = \dfrac{A_{i\text{样品}}}{A_{s\text{对照}}} \times m_s$

$$ \text{阿莫西林含量（\%）} = \dfrac{A_{i\text{样品}}}{A_{s\text{对照}}} \times \dfrac{m_s}{G_{\text{样品}}} \times 100\% $$

式中　m_i，m_s——样品中待测组分和对照品中阿莫西林的质量，g；

$\quad\quad A_i$，A_s——样品中待测组分和对照品中阿莫西林的峰面积；

$\quad\quad f_i$，f_s——样品中待测组分和对照品中阿莫西林的定量校正因子；

$\quad\quad G$——称样量，g。

仪器结构及分析流程：见 2.3.1 节。

三、实验方法

1. 实验条件

（1）仪器型号：STI-501（杭州赛智科技有限公司）或其他型号高效液相色谱仪。

（2）色谱柱：十八烷基键合硅胶（ODS）柱（120 mm×4.6 mm×5 μm）。

（3）流动相：磷酸盐缓冲溶液（pH 5.0）-甲醇（40：60）。

（4）磷酸盐缓冲液为：磷酸二氢钾 6.8 g，用水溶解后稀释到 1000 mL，用氢氧化钾调节至 pH（5.0±0.1）。

（5）流速：1.0 mL/min。

（6）检测器：紫外检测器，UV 波长 254 nm。

（7）柱温：室温。

2. 实验步骤

（1）对照品溶液的配制：精密称取阿莫西林对照品 30 mg，置 50 mL 容量瓶中，加磷酸盐缓冲溶液（pH 5.0）溶解并稀释至刻度，摇匀。

（2）样品溶液的配制：精密称取阿莫西林药品 30 mg，置 50 mL 容量瓶中，加磷酸盐缓冲溶液（pH 5.0）溶解并稀释至刻度，摇匀。

（3）溶液抽滤：将流动相、对照品溶液和样品溶液用真空抽滤机进行抽滤，再用 0.45 μm 的滤膜过滤。

（4）仪器操作步骤：见 2.3.2.1 节。

（5）进样分析：

① 打开高效液相色谱仪和计算机的电源开关，待仪器自检结束后，将流动相调至所需比例，打开在线脱气，将流量从 0 ~ 1 mL/min 等梯度升高。

② 打开 Survey 色谱工作站控制软件，设置相关实验条件。Survey 色谱工作站使用方法见 2.3.2.2 节。

③ 待监视器基线平直后，用微量注射器吸取对照品溶液，进样 20 μL，记录色谱图，重复 3 次。以同样方法分析样品溶液。

四、实验数据处理

用外标法以色谱峰面积计算样品中阿莫西林的含量，填入表 2-2。

表 2-2　阿莫西林含量的测定

溶液编号	对照品溶液 A_s	样品溶液 A_i
1		
2		
3		
峰面积平均值		

$$\text{阿莫西林含量（\%）} = \frac{A_{i\text{样品}}}{A_{s\text{对照}}} \times \frac{m_s}{G_{\text{样品}}} \times 100\%$$

外标法工作站使用见 2.3.2.2 节。

五、思考题

（1）此实验为什么采用 pH 5.0 的缓冲溶液作为流动相？

（2）本实验称取样品量和对照品应该接近（均为 30 mg 左右），为什么？

六、注意事项

同实验 2-1 注意事项。

实验 2-3　对羟基苯甲酸酯类混合物的高效液相色谱分析

一、实验目的

（1）掌握高效液相色谱保留值定性和归一化定量方法。

（2）熟悉高效液相色谱仪的分析操作。

二、实验原理

在对羟基苯甲酸酯类混合物中含有对羟基苯甲酸甲酯、对羟基苯甲酸乙酯、对羟基苯甲酸丙酯和对羟基苯甲酸丁酯，它们都是极性化合物，可采用反相液相色谱进行分析，选用非极性的 C_{18} 烷基键合相做固定相，甲醇的水溶液作流动相。

对羟基苯甲酸酯类分子中具有共轭结构，可以吸收紫外光，故可以用紫外光度检测器。

由于在一定实验条件下，酯类各组分的保留值保持恒定，因此在同样条件下，将测得的未知物的各组分保留时间，与已知纯酯类各组分的保留时间进行对照，即可确定未知物中各组分存在与否，这种利用纯物质对照进行定性的方法，适用于来源已知，且组分简单的混合物。

本实验采用归一化法定量，该方法定量简便、准确，进样量的准确性和操作条件的变动对测定结果影响不大，不需要测定定量校正因子，但归一化法仅适用于试样中所有组分全出峰的情况。归一化法计算公式如下：

$$c_i(\%) = \frac{m_i}{m_1 + m_2 + \cdots + m_n} \times 100\% = \frac{f_i \cdot A_i}{\sum\limits_{i=1}^{n}(f_i \cdot A_i)} \times 100\%$$

对羟基苯甲酸酯类混合物属同系物，具有相同的生色团和助色团，因此它们在紫外光度检测器上具有相同的校正因子，故上式可简化为

$$c_i(\%) = \frac{A_i}{\sum\limits_{i=1}^{n} A_i} \times 100\%$$

高效液相色谱仪器结构及分析流程见 2.3.1 节。

三、实验方法

1. 实验条件

（1）仪器：WATERS2695/2996 型或其他型号高效液相色谱仪。

（2）色谱柱：ODS 柱。

（3）流动相：甲醇-水（55∶45）。

（4）流速：1 mL/min。

（5）检测器：光电二极管阵列检测器，UV 254 nm。

（6）试剂与材料：对羟基苯甲酸甲酯、对羟基苯甲酸乙酯、对羟基苯甲酸丙酯、对羟基苯甲酸丁酯、甲醇等均为分析纯，纯净水，样品溶液。

2. 实验步骤

（1）标准溶液的配制

标准储备液：分别于 4 只 100 mL 容量瓶中，配制浓度均为 1000 μg/mL 的上述 4 种酯类化合物的甲醇溶液。

标准使用液：取上述 4 种标准储备液分别于 4 只 10 mL 容量瓶中，配制浓度均为 10 μg/mL 的 4 种酯类化合物的甲醇溶液，摇匀，备用。

（2）用注射器依次分别吸取 20 μL 的 4 种标准使用液及样品溶液，用 0.45 μm 微孔滤膜过滤，注入样品瓶，放进样品盘中。

（3）打开液相色谱仪和计算机的电源开关，待仪器自检结束后，将流动相调至所需比例，打开在线脱气，将流量从 0～1 mL/min 等梯度升高。

（4）打开控制软件，设置相关的条件。

（5）待监视器基线平直后，即可进样。各重复 3 次，得色谱图。

四、实验数据处理

（1）确定 4 种对羟基苯甲酸酯化合物在色谱图中的保留时间。

（2）确定未知样中各组分的出峰次序。

（3）用归一化法计算样品中各组分的含量。

五、思考题

（1）高效液相色谱分析采用归一化法定量有何优缺点？本实验为什么可以不用相对质量校正因子？

（2）在高效液相色谱中，为什么可以利用保留值定性？这种定性方法你认为准确可靠吗？

六、注意事项

同实验 2-1 注意事项。

实验 2-4　高效液相色谱法测定饮料中咖啡因的含量

一、实验目的

（1）学习用高效液相色谱法测定饮料中咖啡因的原理。
（2）掌握采用高效液相色谱法进行定性和外标曲线法定量分析的方法。

二、实验原理

咖啡因有特别强烈的苦味，刺激中枢神经系统、心脏和呼吸系统。适量的咖啡因也可减轻肌肉疲劳，促进消化液分泌。由于它会促进肾脏机能，故有利尿作用，帮助体内将多余的钠离子排出体外。但摄取过多会导致咖啡因中毒。咖啡因中主要含有丹宁酸、酸性脂肪及挥发性脂肪。咖啡因的分式为 $C_8H_{10}N_4O_2$，结构如右：

咖啡因是极性物质，可以用反相液相色谱法将饮料中的咖啡因与其他组分（如单宁酸、蔗糖等）分离后，将已知不同浓度的咖啡因标准系列溶液等体积注入恒定的色谱系统，测定它们的保留时间并计算出各自的峰面积。采用工作曲线法测定饮料中咖啡因含量。外标曲线法用待测物质的纯物质配制一系列不同浓度的标准溶液，分别进样，测定出各组分的峰面积，以峰面积对浓度（质量）作图，得到工作曲线（图 2-1）。再进样品，得样品中各组分的峰面积，从工作曲线上可查出待测物含量，或用回归方程计算。外标法曲线法不使用定量校正因子，准确性较高，操作条件变化对结果准确性影响较大，对进样量的准确性控制要求较高，适用于大批量试样的快速分析。

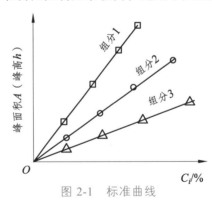

图 2-1　标准曲线

仪器结构及分析流程见 2.3.1 节。

三、实验方法

1. 实验条件

（1）高效液相色谱仪，UV（254 nm）检测器。

（2）色谱柱：ODS 柱（250 mm×4 mm）。

（3）流动相：20%甲醇+80%纯净水，制备前先调节水的 pH≈3.5。

（4）流动相流速：1 mL/min。

（5）咖啡因标准试剂。

（6）饮料试液。

2. 实验步骤

（1）配制标准溶液：准确称取 25 mg 咖啡因标准试剂置于 100 mL 容量瓶中，用已配好的流动相溶解并稀释至刻度，作为标准储备液。

用移液管分别量取 1.00，2.00，3.00，4.00，5.00 mL 标准储备液，置于 5 个 10 mL 的容量瓶中，用已配好的流动相稀释至刻度作为系列标准溶液。

（2）待测饮料试液：取待测饮料 2.00 mL，于 10 mL 容量瓶中，用已配好的流动相稀释至刻度备用。

（3）开启液相色谱仪，设定操作条件。

（4）待仪器稳定后，按标准溶液浓度递增的顺序，由稀到浓依次等体积进样 5 μL（每个标样重复进样 3 次），准确记录各自的保留时间和峰面积。

（5）同样取 5 μL 待测饮料试液进样（重复 3 次），准确记录各个组分的保留时间和峰面积。

四、实验数据处理

（1）根据标准物的保留时间确定饮料中的咖啡因组分峰。

（2）计算系列咖啡因标准物和待测咖啡因的峰面积（3 次平均值）。

（3）以标准物的峰面积对相应浓度作工作曲线，得回归方程。

（4）从工作曲线上或回归方程中求得饮料中咖啡因的浓度。

五、问题讨论

（1）解释用反相柱（ODS）测定咖啡因的理论基础。

（2）能否用离子交换色谱柱测定咖啡因，为什么？

六、注意事项

同实验 2-1 注意事项。

实验 2-5　离子色谱法测定水样中 F^-、Cl^-、NO_3^-、SO_4^{2-} 的含量

一、实验目的

（1）巩固离子色谱法的分离原理和分析对象。
（2）学习 Dionex ICS-1000 型离子色谱仪的使用方法。
（3）掌握保留时间对组分进行定性的基本方法。
（4）掌握外标曲线法测定水样中阴离子含量的原理和方法。

二、实验原理

　　离子色谱法是高效液相色谱法的一种分离模式，是根据存在于溶液中的离子和固体吸附剂上的离子进行交换的原理进行分离的色谱方法，它适合于分离离子及可离解的化合物，离子型的有机物或无机物等。

　　离子色谱一般采用低交换容量（0.02～0.05 mmol/L）的离子交换填料，用电导检测器检测，分析痕量的无机离子和有机离子。通常分为抑制型离子色谱（图 2-2）和非抑制型离子色谱两种形式。

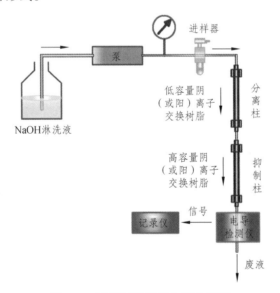

图 2-2　双抑制型离子色谱仪流程

　　本实验采用外标曲线法定量测定水样中 F^-、Cl^-、NO_3^-、SO_4^{2-} 的含量，用待测物质的纯物质配制一系列不同浓度的标准溶液，分别进样，测定出各组分的峰面积，以峰面积对浓度（质量）作图，得到工作曲线。再进样品，得到样品中各组分的峰面积，从工作曲线上可查出待测物含量，或用回归方程计算。

三、实验方法

1. 实验条件

（1）Dionex ICS-1000 型离子色谱仪。

（2）Na_2CO_3-$NaHCO_3$ 淋洗液（8：1）mmol/L。

（3）流速：1 mL/min。

（4）电导检测器。

（5）无机阴离子标准溶液。

2. 实验步骤

（1）标准曲线绘制

分别取 1000 μg/mL 的 F^-、Cl^-、NO_3^-、SO_4^{2-} 标准溶液，按阴离子质量浓度比 1：1：5：6 的比例混合，即取 F^- 标准溶液 0.50 mL、Cl^- 标准溶液 0.50 mL、NO_3^- 标准溶液 2.50 mL、SO_4^{2-} 标准溶液 3.00 mL，定容于 100 mL 容量瓶中，则标准混合溶液中含 F^- 5 mg/L，Cl^- 5 mg/L，NO_3^- 25 mg/L，SO_4^{2-} 30 mg/L。

精密量取储备液 1.00、2.00、3.00、4.00、5.00 mL 分别置于 25 mL 容量瓶中，加超纯水（up 水）至刻度，摇匀。以 up 水为空白，启动分析程序，对 4 种不同浓度的阴离子 F^-、Cl^-、NO_3^-、SO_4^{2-} 混合标准进行测定，以各离子的浓度（mg/L）为横坐标、相应的峰面积（μs·min）为纵坐标绘制不同离子的标准曲线，得回归方程。

（2）样品测定

取试样溶液 2.00 mL 引入离子色谱仪，启动分析程序进行样品测定。根据标准曲线或回归方程计算结果。

（3）仪器操作步骤见 2.3.3 节。

四、实验数据处理

（1）定性判断：确定色谱图中 F^-、Cl^-、NO_3^-、SO_4^{2-} 4 种阴离子的保留时间、出峰位置及次序。

（2）定量测定：用外标曲线回归方程法计算样品中各组分的含量。

五、思考题

（1）影响离子色谱测定的因素有哪些？

（2）应如何确定被测物的含量和仪器条件？

2.3 仪器部分

2.3.1 高效液相色谱仪结构及分析流程

高效液相色谱仪由高压泵、梯度淋洗装置、进样系统、色谱分离柱、检测器和色谱工作站组成，如图 2-3、图 2-4 所示。

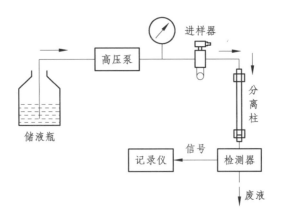

图 2-3　高效液相色谱仪结构及流程

图 2-4　高效液相色谱仪

　　分析前，选择适当的色谱柱和流动相，开泵，冲洗柱子，待柱子达到平衡且基线平直后，用微量注射器把样品注入进样口，流动相把试样带入色谱柱进行分离，分离后的组分依次流入检测器的流通池，和洗脱液一起排入流出物收集器。当有样品组分流过流通池时，检测器把组分浓度转变成电信号，经过放大，记录器记录得色谱图。根据色谱图对组分进行定性定量分析。

1. 高压输液泵

　　高压输液泵是高效液相色谱仪的主要部件之一，工作压力范围为（150~350）× 10^5 Pa。高效液相色谱仪所用色谱柱径较细，为了获得高柱效而使用粒度很小的固定相（<10 μm），因此对流动相的阻力较大，为了使流动相能较快地流过色谱柱，需要高压泵注入流动相。因此高压、高速是高效液相色谱的特点之一。

　　高压输液泵具有压力平稳、脉冲小、流量稳定可调、耐腐蚀等特性。

　　高压输液泵分为恒压泵和恒流泵。恒流泵恒定流量，流量与流动相黏度和柱渗透无关。恒压泵保持输出压力恒定，而流量随外界阻力变化而变化，如果系统阻力不发生变化，恒压泵就能提供恒定的流量。往复式柱塞泵是 HPLC 中最广泛使用的一种恒流泵，结构如图 2-5 所示。

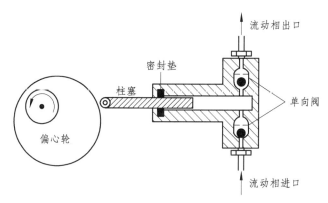

图 2-5　往复式柱塞的结构

2. 梯度淋洗装置

梯度洗脱是在分离过程中使用两种或两种以上不同极性的溶剂，按一定程序连续改变它们之间的比例，使流动相的极性发生相应的变化，样品中各组分的分配系数随之变化，从而达到提高分离效果、缩短分析时间的目的。

梯度洗脱包括外梯度和内梯度两种模式。外梯度是利用两台高压输液泵，将两种不同极性的溶剂按一定的比例送入梯度混合室，混合后进入色谱柱。内梯度是一台高压泵，通过比例调节阀，将两种或多种不同极性的溶剂按一定的比例抽入高压泵中混合，如图 2-6 所示。

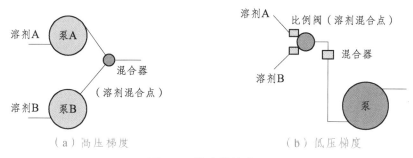

图 2-6　梯度淋洗装置

3. 进样装置及色谱柱

高效液相色谱法进样装置的作用是把分析试样有效地送入色谱柱上进行分离，包括进样口、注射器和进样阀等。高效液相色谱法的流路处于高压状态（150~350）×10⁵ Pa，对进样装置的要求较高。目前通常采用高压六通阀进样，结构如图 2-7 所示。在进样准备状态，定量管与系统隔离，为常压状态，可用进样器将试样充满定量管，阀芯旋转 60°后，进样阀 2 呈进样状态，这时定量管与系统连接，流动相携带定量管中的试样进入色谱柱。通过更换不同规格的定量管可调节进样量。液相色谱所用的进样器与气相色谱的基本相同，差别在于液相色谱进样器针头前端是平齐的，而气相色谱进样器由于要穿透硅橡胶封垫，针尖锋利。

色谱分离柱如图 2-8 所示。色谱柱体为直型不锈钢管，内径 1~6 mm，柱长 5~40 cm。

色谱柱发展趋势是减小填料粒度和柱径以提高柱效。

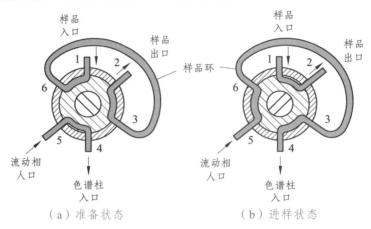

图 2-7　六通阀进样装置结构

图 2-8　色谱柱

4. 检测器

高效液相色谱仪的检测器有紫外、荧光、电导、示差折光、蒸发光散射检测器等。仪器对检测器的要求是灵敏度高，重复性好、线性范围宽、死体积小、对温度和流量的变化不敏感等。

高效液相色谱仪检测器有溶质性检测器和总体检测器两种类型。溶质性检测器仅对被分离组分（溶质）的物理或物理化学特性有响应，如紫外、荧光、电化学检测器等。总体检测器对试样和洗脱液总（溶液）的物理和化学性质有响应，如示差折光检测器等。

紫外检测器是目前应用最广的液相色谱检测器，结构如图 2-9 所示。

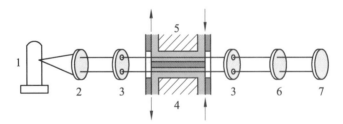

1—低压汞灯；2—透镜；3—遮光板；4—测量池；5—参比池；
6—紫外滤光片；7—双紫外光敏电阻。

图 2-9　紫外检测器

紫外检测器检测原理是根据组分对特定波长紫外光的选择性吸收，组分浓度与吸光度之间的关系遵守朗伯-比尔定律。紫外检测器灵敏度高，最小检出量 10^{-9} g/mL；线性范宽；流通池可做得很小（1 mm×10 mm，容积 8 µL）；对流动相流速、组成和温度变化不敏感，可用于梯度洗脱；波长可选，易于操作。

用紫外检测器时，为了得到高灵敏度，常选择被测物质能产生最大吸收的波长作为检测波长，此时应尽可能选择在检测波长下没有背景吸收的流动相。

很多有机分子具紫外吸收基团，因此紫外检测器对大部分有机化合物有响应。但紫外检测器不适于对紫外光不吸收的试样。

光电二极管阵列检测器（Diode-Array Detector，DAD）是紫外检测器的重要进展。它是以光电二极管阵列作为检测元件的 UV 检测器，由几百至上千个光电二极管阵列组成。二极管阵列检测器是先让所有波长的光都通过流通池，通过一系列分光技术，使所有波长的光在接收器上被检测，它可构成多通道并行工作，同时检测由光栅分光，再入射到阵列式接收器上的全部波长的信号，然后对二极管阵列快速扫描采集数据，得到的是时间、光强度和波长的三维谱图（而普通 UV 检测器是先用单色器分光，只让特定波长的光进入流通池），如图 2-10、图 2-11 所示。

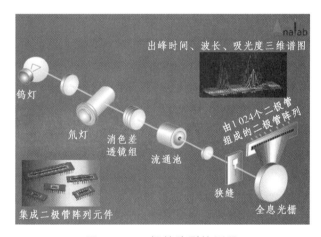

图 2-10　二极管阵列检测器

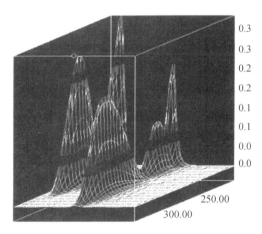

图 2-11　三维色谱图

2.3.2 高效液相色谱仪及工作站的使用方法

2.3.2.1 仪器操作步骤

1. 开机

依次打开计算机电源，检测器和高压泵（A 泵在上面，B 泵在下面）。

2. 将流动相换成当前分析样品所需流动相

更换流动相时先将不锈钢滤头用新流动相冲洗，然后打开泵的排空阀，用新流动相冲洗管路两分钟。

3. 启动泵

（1）排气泡（空气）：打开排空阀（将排空阀逆时针旋转 180°，确认排空废液管出口在废液瓶中），按下"purge"键，直到进液管和排空管看不到气泡，继续排空 2 min 后，按"stop"键，泵停止运行后关紧排空阀。

（2）设定流速：按下"flow"键，当光标在流速处闪烁，按数字键输入所需流速，如甲醇-水（80：20），泵的流速分别是 0.80 mL/min 和 0.20 mL/min，输好流速按"enter"确认，然后按"run"启动泵，此时运行绿灯亮，泵压逐渐升高，当泵压稳定后，检测器废液管有废液流出，泵的启动完成。

（3）设定波长：按"检测器 λ"，当光标在显示屏波长处闪烁，按数字键输入所需波长，按"enter"确认。

4. 观察基线

打开计算机桌面工作站，点数据采集，查看基线。

5. 进样

（1）进样前用流动相洗针 6 次以上，再用所进样品洗针 3 次。

（2）在"load"位置推入进样针的活塞，推入试样，然后将进样阀手柄转动到"inject"位置，注意不要将气泡推入进样阀。

（3）进样阀手柄转动到"inject"位置，仪器自动开始采集数据，采样结束后在工作站打开谱图，记录峰面积和保留时间。

6. 结束实验

实验结束后冲洗整个流路系统。如果流动相含有酸或者盐，必须先用 10% 的甲醇-水以流速 1 mL/min 冲洗柱子 30 min 以上，开机更换流动相也是同样操作。再将流动相换成色谱纯甲醇，双泵以总流速 1 mL/min 冲洗系统至少 30 min。冲洗完成后关闭电源，顺序是先检测器后泵。

2.3.2.2 Survey 工作站的使用方法

1. Survey 软件基础知识

（1）主窗口

Survey 软件主窗口包含了 6 个功能模块，分别是仪器窗口、谱图校正、谱图处理、用户管理、项目管理、仪器配置，这 6 个模块是用户在日常样品采集与数据处理过程中使用得最多的，单击相应的图标会弹出相应的登录窗口，并且各模块设有访问权限。另外在窗口左侧的管理图标栏中还有 4 个图标，分别是语言、帮助、IQ 和版本，点击相应的图标即可查看该模块，不需要登录，不设权限（图 2-12）。

单击任意一个上面所描述的功能模块，会弹出登录对话框，输入用户名、密码，点确定即可登录对应窗口。出厂设置的默认用户账号为 Admin，密码为 a12345（图 2-13）。单击"用户名"右侧 ▼ 会弹出下拉菜单，显示当前软件记录的所有用户及密码，如果要删除下拉菜单的某个用户，可以选中该用户，单击登录窗口右下角的"清除"，则该用户就从下拉菜单中删除了。

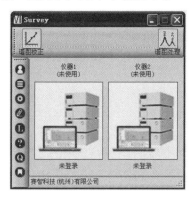

图 2-12　Survey 软件主窗口

图 2-13　登录对话框

（2）仪器

登录仪器的主窗口可进行数据采集。仪器窗口可以通过单击仪器图标打开登录界面，用户需要填写用户名和密码，点击确定后，进入"选择项目"界面（图 2-14），在左侧框内选择项目文件夹，双击鼠标左键，该项目文件夹下的所有项目即可载入右侧项目栏里，点击下拉箭头，选择项目。如果该实验不需要项目，可以不选项目，即空项目（软件默认的为空项目）。点击"确定"，进入仪器窗口（图 2-15）。

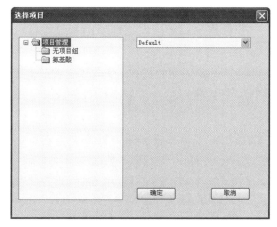

图 2-14　"选择项目"界面

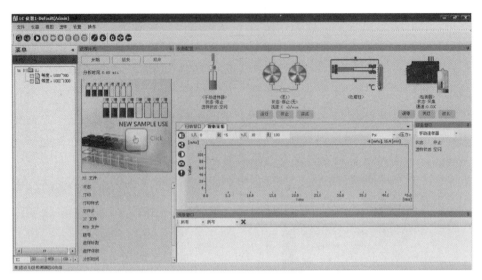

图 2-15　仪器窗口

文件：单击文件弹出下拉菜单，弹出新建配置方法和新建进样序列两个功能按键，方便用户建立配置方法和进样序列。

文件视图下面有 7 个可选框，分别是配置 IC、序列 SS、处理 MTD、谱图 CDF、系统适应性 SST、光谱 WS、校正文件 CAL。选中几个文件可以进行操作。用户在操作项目过程中形成的 IC 文件、序列 SS、谱图等用户可以根据不同文件类型进行查看、删除、剪切、粘贴等操作。针对数据采集用的方法文件、数据处理文件，如 IC 文件、序列 SS、处理 MTD、系统适应性 SST 以及校正文件 CAL，可以跨项目导入、导出；而采集数据，如谱图 CDF、光谱 WS，则只能导出，不可以导入，这种单项导出是为了方便审计追踪，明确谱图的来源。

2. **数据采集与流程处理**

Survey 软件依靠方法组（其中包括仪器方法），将控制和采集参数传递到已配置到色谱系统中的仪器，如泵的流量和检测器的波长。它还依靠样品组方法来指定要运行的样品数量和顺序，每个样品要应用的功能，样品的运行模式，进样前平衡的时间等。

样品运行步骤：

（1）用户管理、项目管理。确认实验用户，是否以 Admin 身份登录或是新建用户。如果运行的样品需要项目，则先建立项目（如果项目已存在，该步骤可以跳过）；不需要则可以选择空项目。

（2）单击主窗口上的仪器配置模块，弹出仪器配置对话框，配置需要的仪器单元。

（3）点击仪器主窗口的仪器图片，弹出"登录"对话框，编辑用户名和密码，点击"确定"，弹出"选择项目"界面，可以选择已创建的项目，如果样品没有项目要求，可以选择空项目。

（4）登录到"数据采集"主界面，连接仪器单元，弹出"通信设置"对话框，选择对应仪器的串口号，点击"连接"。

（5）新建配置 IC、序列 SS、处理 MTD（如果有方法组的条件下，可以单击根目录，会弹出"载入""刷新"下拉菜单，单击"载入"，选择需要的配置文件或谱图，载入到当前项目配置文件里）。

（6）采集样品。单击进样窗口的手装图标，弹出"新序列"编辑框，编辑自动进样器的参数、文件名、配置、文件、选择瓶号、清洗方式……编辑结束后，开始进样。

（7）打印报告。如果期望样品运行结束后可以自动打印报告，可以在序列编辑框处勾选"报告"，软件就会在样品运行结束后自动打印报告。

3. 外标法和内标法的基本操作规程

外标法配制标准品 A 5 个浓度，其组分浓度如表 2-3 所示；称取一定量样品 A，配制成一定浓度 T_1。

表 2-3　外标法配制标准溶液浓度

S1	2 mg/mL
S2	4 mg/mL
S3	6 mg/mL
S4	8 mg/mL
S5	10 mg/mL

内标法配制内标溶液 A 浓度为 2 mg/mL，称取一定量的标准品 B，用内标溶液稀释为以下浓度；称取一定量样品 A，用一定量内标溶液稀释成一定浓度 T_1。

打开液相工作站软件，新建用户 kama，设置密码，并给予角色为 administrator。以用户 kama 操作该实验（图 2-16）。

图 2-16　新建用户

登录"项目管理"窗口。根据实验内容新建项目文件夹、项目，并重命名项目文件夹名为"外标法"，项目名为"test1"（图 2-17）。

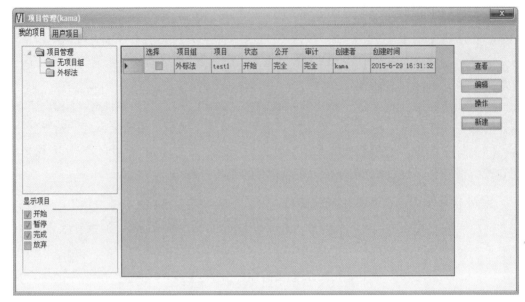

图 2-17　新建项目文件夹、项目

仪器配置：根据实验需要配置仪器单元。选择"仪器 1"，通过中间的 `>`、`<`、`>>`、`<<`将"手动进样器""泵""检测器"配置进仪器，单击"确定"，并"关闭"窗口（图2-18）。

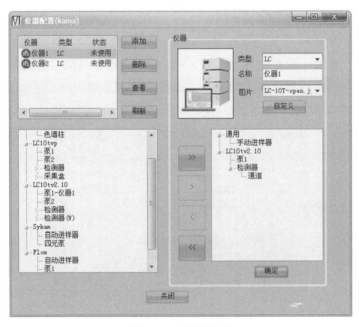

图 2-18　仪器配置

单击仪器主窗口上的"仪器 1"图标，选择"外标法"项目"test1"，单击"确定"（图 2-19）。

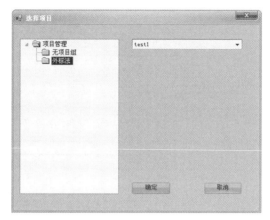

图 2-19　选择项目

在仪器窗口的"仪器配置"模块，右键单击各个仪器单元，从下拉菜单中，单击"连接"，选择相应的串口号、初始泵、检测器。

新建配置方法：设置泵的流速为 1 mL/min，检测器波长 $\lambda=254$ nm，以及手动进样器信息，编辑结束后单击"保存"（图 2-20）。

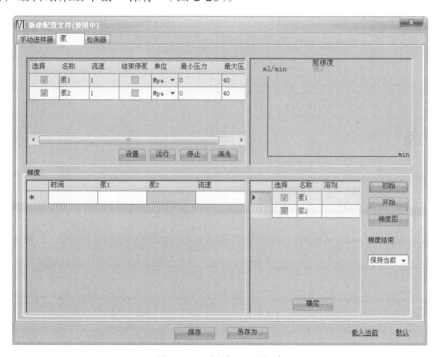

图 2-20　新建配置方法

编辑序列：根据上面给出的标准基准物，编辑进样序列（依次编辑文件名、IC 文件、MTD 文件、采集时间等）（图 2-21）。

待基线走稳后，单击开始按键 ▶，采集数据。采集结束，用户可以在谱图校正窗口进行校正曲线的制作。

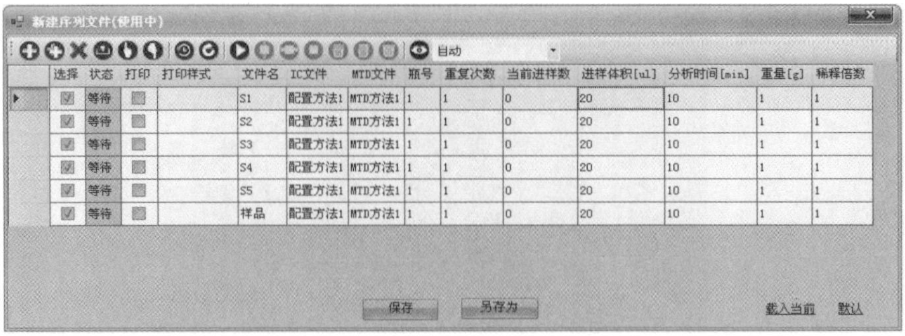

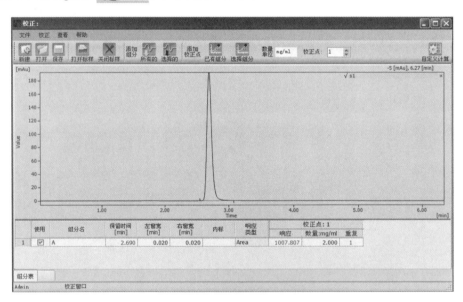

图 2-21 编辑序列

外标法曲线的制作：

点击谱图校正图标，进入制作校正曲线窗口。

点击打开标样，选择本地，打开标样谱图 S1，更改校正点为 1 ，点击添加全部峰 ![添加所有组分]，然后点击添加校正点，在谱图上单击标准品 A 对应的峰，然后点击"选择组分"，即可以有峰的"响应""数量""重复"数值加入进去。输入组分名 A，并在响应类型列切换校正的响应类型为面积高度，然后在浓度列输入对应组分的浓度 2，输入单位 mg/ml[①] ![数量单位 mg/ml]，如图 2-22 所示。

图 2-22　制作校正曲线

然后打开第二张标样谱图 S2，调整校正点 ![已有组分] 为 2 ![校正点:2]，第一张谱图可以关闭 ![关闭标样]，也可以保留，点击添加已有峰，浓度列输入对应组分的浓度。此时如果某个组分的响应值为 0，观察第二张谱图的保留时间是否在第一张谱图保留时间的左右窗宽范

---

① 注：单位毫升的符号为 mL、ml，常用 mL，但此处为与仪器显示的单位符号相符，用 ml。

围之内，适当调节左右窗宽即可。

然后再打开谱图校正标样 S3，调整校正点为 3，添加已有峰，浓度列输入对应组分的浓度；添加校正标样 S4，调整校正点为 4，添加已有峰，输入组分的浓度。添加校正标样 S5，调整校正点为 5，添加已有峰，输入组分的浓度。

点击左下方组分名 A，即可查看 A 组分的标准曲线。保存标准曲线，命名为标准物质 A 校正曲线（图 2-23）。

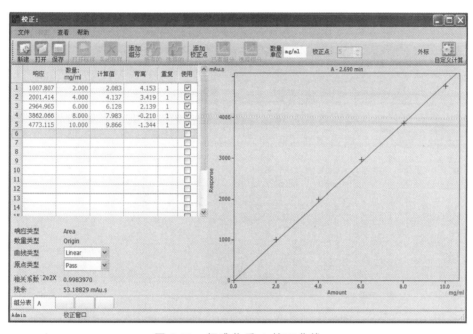

图 2-23　标准物质 A 校正曲线

在谱图处理窗口打开样品 T1，在方法的校正文件处加载标准物质 A 校正曲线，如图 2-24 所示。

图 2-24　加载标准物质 A 校正曲线

在计算处选择外标法 ESTD，最后在结果处即可看样品 A 的浓度，如图 2-25 所示。

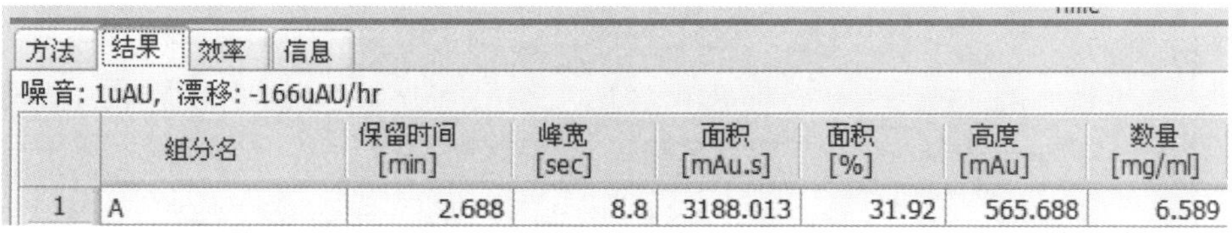

	组分名	保留时间 [min]	峰宽 [sec]	面积 [mAu.s]	面积 [%]	高度 [mAu]	数量 [mg/ml]
1	A	2.688	8.8	3188.013	31.92	565.688	6.589

噪音: 1uAU, 漂移: -166uAU/hr

图 2-25　查看样品 A 的浓度

内标法曲线的制作：

点击谱图校正图标，进入制作校正曲线窗口。

打开标准谱图 S1，校正级别为 1，添加所有组分，然后删除不必要的组分，设置组分名，添加校正点选择组分。通过观察，标准品和内标物的几张谱图保留时间有差异，我们设置左右窗口宽皆为 0.5，在内标处点击，设置 A 为 B 的内标（图 2-26）。

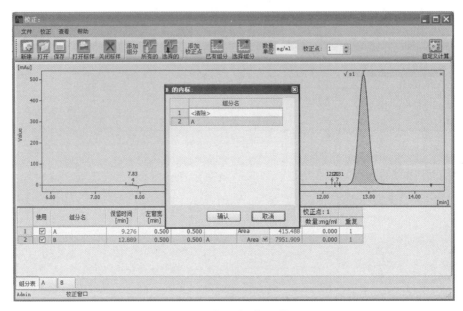

图 2-26　打开标准图谱 S1

输入内标物 A 的浓度和标准品 B 的浓度，设置单位为 mg/ml（图 2-27）。

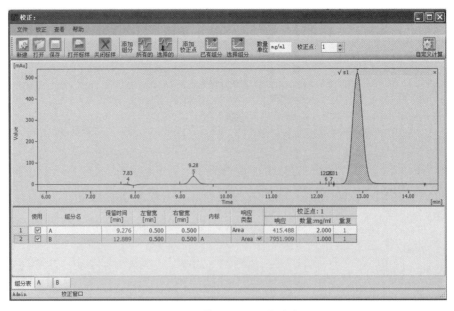

图 2-27　输入 A、B 的浓度

关闭 S1，打开谱图 S2，调节校正点为 2，点击要校正的峰，添加校正点，选择组分，输入浓度（图 2-28）。

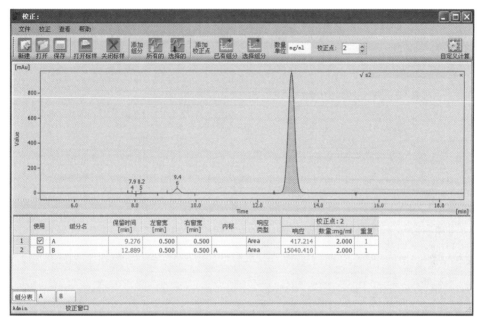

图 2-28　标准谱图 S2 的操作

依照上面方法添加 S3、S4、S5 谱图，得校正曲线，点击外标 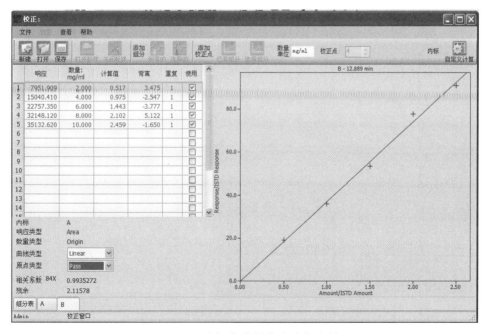，就会转换内标方程（图 2-29）。

图 2-29　外标曲线转换为内标方差

保存文件名为标准品 B 内标方程。

打开谱图处理，打开样品 T1 的谱图，在方法结果设置处加载标准品 B 内标方程，设置计算为内标法 ISTD，设置内标物 A 浓度为 4（图 2-30）。

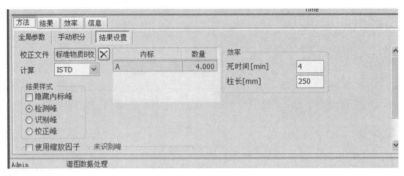

图 2-30 谱图数据处理

在结果处查看样品 B 的浓度（图 2-31）。

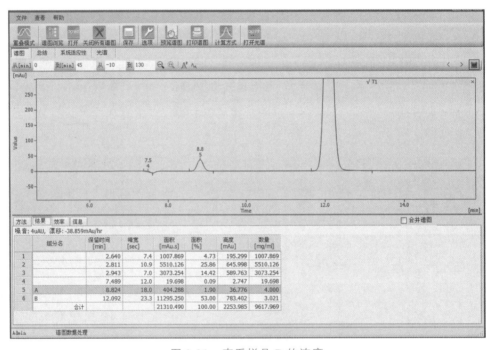

图 2-31 查看样品 B 的浓度

2.3.3 Dionex ICS-1000 型离子色谱仪

Dionex ICS-1000 型离子色谱仪的操作规程如下：

1. 开　机

（1）检查淋洗液瓶内淋洗液是否够用，若充足则打开氮气，否则要及时更换新的淋洗液。

（2）查看压力表，读数如下即为正常：

氮气瓶：0.3 MPa 以下；ICS-1000 仪器压力表：2～6 psi（1 psi=6.895 kPa）。

（3）接通计算机电源，等待屏幕右下角出现█图标后，启动 Chromeleon 软件，从 Broswer 中打开控制面板。

（4）点开屏幕左上方的"pump settings"，设定淋洗液的液面高度。

点开"pump setting"，逐渐提升流速，一般从 0.2 mL/min→0.4 mL/min→0.6 mL/min→0.8 mL/min→1.0 mL/min，再开抑制器（前提：压力超过 1000 psi）

（5）点屏幕上方的"蓝点"，采集基线。

（6）当①电导池读数<30 μs；②电导值小数点后第三位变，第二位不变，即可点"蓝点"（Acquisition On/Off），选择"Yes"，停止采基线。

（7）依次点 Batch 和 start，点击"Add"，选择需要运行的样品表；然后点击"Start"，再点"确定"。

（8）进入标准样品，再点"确定"。

2. 关 机

待程序运行完毕后，先关抑制器。再点击"pump setting"，逐渐降低流量，最后关闭泵。点开屏幕右下角出现█图标后，点击"Stop"，点击"Close"关闭。

关闭计算机，关闭 ICS-1000 仪器开关，最后关闭氮气。

3

电化学分析法

3.1　电化学分析法原理及应用

利用物质的电学及电化学性质来进行分析的方法称为电化学分析法。它通常是使待分析的试样溶液构成一化学电池（电解池或原电池），然后根据所组成电池的某些物理量（如两电极间的电动势、通过电解池的电流或电荷量、电解质溶液的电阻等）与其化学量之间的内在联系来进行测定。因而电化学分析法可以分为三种类型。

第一类方法是通过试液的浓度在某一特定实验条件下与化学电池中某些物理量的关系来进行分析。这些物理量包括电极电位（电位分析等）、电阻（电导分析等）、电荷量（库仑分析等）、电流-电压曲线（伏安分析等）等。这些方法是电化学分析法中很重要的一大类方法，发展也很迅速。例如，离子选择性电极就是 20 世纪 60 年代以来，在电位分析法领域迅速发展起来的一个活跃的分支。又如，伏安分析法，由于电解方式的不同（直流电压、方波电压、脉冲电压等），电解电压大小的不同，电极类型的不同，测量手段的不同，所研究物理量的关系不同等，由它所派生的方法目前已有几十种。

第二类方法是以上述这些电物理量的突变作为滴定分析中终点的指示，所以又称为电容量分析法。属于这一类方法的有电位滴定、电流滴定、电导滴定等。

第三类方法是将试液中某一待测组分通过电极反应转化为固相（金属或其氧化物），然后由工作电极上析出的金属或其氧化物的质量来确定该组分的量。这一类方法实质上是一种质量分析法，不过不使用化学沉淀剂。所以这类方法称为电质量分析法，也即通常所称的电解分析法。这种方法在分析化学中也是一种重要的分离手段。

电化学分析法的灵敏度和准确度都很高，手段多样，分析浓度范围宽，能进行组成、状态、价态和相态分析，适用于各种不同体系，应用面广。由于在测定过程中得到的是电信号，因而易于实现自动化和连续分析。

电化学分析法在化学研究中也具有十分重要的作用。它已广泛应用于电化学基础理论、有机化学、药物化学、生物化学、临床化学、环境生态等领域的研究中，例如各类电极过程动力学、电子转移过程、氧化还原过程及其机制、催化过程、有机电极过程、吸附现象、大环化合物的电化学性能等。因而电化学分析法对成分分析（定性及定量分析）、生产控制和科学研究等方面都有很重要的意义，并得到极为迅速的发展。

3.2 实验内容

实验 3-1 溶液 pH 的测定

一、实验目的

（1）掌握电位法测定溶液 pH 的原理。
（2）学会使用酸度计。

二、实验原理

电位分析法是在电池零电流条件下，利用电极电位与组分浓度间的关系进行测定的一种电化学分析方法。电位分析法分为直接电位法和电位滴定法。直接电位法采用专用的指示电极，如离子选择性电极，把被测离子 A 的活度转化为电极电位，电极电位与离子活度之间的关系用 Nernst 方程表示：

$$E = 常数 + \frac{2.303RT}{nF} \lg a_A = 常数 + s \lg a_A$$

式中　　R ——摩尔气体常数，R=8.314 J·mol^{-1}·K^{-1}；

　　　　F ——法拉第常数，F=96 486.7 C·mol^{-1}；

　　　　T ——热力学温度；

　　　　n ——电极反应中转移的电子数；

　　　　s ——电极响应斜率，标准状态下为 0.0592/n。

这是直接电位分析法的基本定量依据。

直接电位法是在溶液体系不发生变化的平衡状态下进行测定的，电极响应的是物质游离离子的量。

在电位分析中构成电池的两个电极，一个为指示电极，其电极电位随待测离子活度的变化而变化；另一个为参比电极，其电位不受试液组成变化的影响。将指示电极和参比电极一同浸入试液，构成电池体系，如图 3-1 所示，通过测量该电池的电动势或电极电位可以求得被测物质的含量、酸碱解离常数或配合物稳定常数等。

电位法测定 pH 是以玻璃电极为指示电极。玻璃电极的构造是在电极下部有一玻璃泡，膜厚约 50 μm。在玻璃泡中装有 pH 一定的缓冲溶液（通常为 0.1 mol/L HCl 溶液），其中插入一支 Ag/AgCl 电极作为参比电极（图 3-2）。

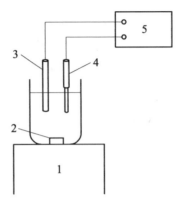

1—磁力搅拌器；2—转子；3—指示电极；4—参比电极；5—电位计。

图 3-1　测量电池

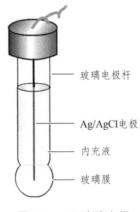

玻璃电极杆

Ag/AgCl电极

内充液

玻璃膜

图 3-2　pH 玻璃电极

将 pH 玻璃电极作为负极，饱和甘汞电极作为参比电极，将它作为正极，组成如下原电池：

$$\text{pH玻璃电极}|\text{试液}c_{H^+}\text{(或标准缓冲溶液)}\|\text{饱和甘汞电极}$$

该原电池的电动势为

$$E = \varphi_{甘汞} - \varphi_{玻璃}$$

在一定条件下，$\varphi_{甘汞}$ 为常数，$\varphi_{玻璃} = K - \dfrac{2.303RT}{F}\text{pH}$

标准缓冲溶液：$E_s = b + \dfrac{2.303RT}{F}\text{pH}_s$

样品溶液：$E_x = b + \dfrac{2.303RT}{F}\text{pH}_x$

则有 $E_s - E_x = \dfrac{2.303RT}{F}(\text{pH}_s - \text{pH}_x)$

上式说明，溶液的 pH 变化一个单位，测量电池的电动势变化 $\dfrac{2.303RT}{F}$。pH 计就是根据此原理制成，$\dfrac{2.303RT}{F}$ 随温度改变，因此 pH 计上都设有温度调节钮来调节温度，使之符合上述要求。由于不同的玻璃电极的性能有差异，甘汞电极的电位也会因为电极制造中的误差或内充 KCl 溶液浓度的改变而稍有变化，因此用 pH 计测定 pH 之前，须用标准缓冲溶液来校准 pH。

三、实验方法

1. 仪器及试剂

（1）仪器

pHS-3C 酸度计，pH 复合电极。

（2）试剂

pH=6.86 标准缓冲溶液（0.025 mol/L 磷酸二氢钾-磷酸氢二钠混合溶液，25 ℃）.
pH=9.18 标准缓冲溶液（0.01 mol/L 硼砂溶液，25 ℃）。

2. 实验步骤

（1）温度校准

按 pH/mV 键使仪器进入 pH 测量状态，再按温度键至显示"温度"，按"△"或"▽"键调节温度显示数值，使温度显示值和溶液温度一致，然后按"确认"键。

（2）pH 计校准

① 一点标定：

把用去离子水清洗过并吸干水分的电极插入 pH=6.86 的标准缓冲溶液中，按定位键至显示"定位"，待稳定后按"确认"键，仪器回到 pH 测量状态，显示当前温度下的 pH 即"6.86"。若达不到可反复按"定位""确认"键 2～3 次，使最终显示"6.86"。

② 两点标定：

把用去离子水清洗过并吸干水分的电极插入 pH=4.00（或 pH=9.18）的标准缓冲溶液中，按斜率键至显示"斜率"，待稳定后按"确认"键，仪器回到 pH 测量状态，显示 pH 为"4.00"（或"9.18"），若达不到可反复按"斜率""确认"键 2～3 次，最终显示当前温度下的 pH。

（3）样品溶液 pH 的测定

用蒸馏水将电极清洗干净后，用滤纸吸干，然后将电极放入待测溶液中，加入搅拌子，打开搅拌器，调节至适当搅拌速度，溶液搅匀后，再待读数稳定后读数，即为被测样品的 pH。

（4）实验完毕，将电极取出用水冲洗干净，浸泡在电极浸泡液中，关闭酸度计电源。

四、数据记录和处理

将测定结果填入表 3-1 中。

表 3-1   pH 测定结果

溶液编号	pH_1	pH_2	pH_3	$\overline{pH}$	$\overline{\sigma}$	pH
水样 1						
水样 2						
水样 3						

平均值：$\overline{pH} = \dfrac{\sum\limits_{i=1}^{N} pH_i}{N}$

平均偏差：$\overline{\sigma} = \dfrac{\sum\limits_{i=1}^{N} (pH_i - \overline{pH})}{N}$

pH： $pH = \overline{pH} \pm \overline{\sigma}$

五、思考题

（1）怎样鉴定酸度计是否正常？

（2）在测试中为什么强调试液与标准缓冲溶液的温度相同？

（3）在 pH 测定时，用标准缓冲溶液定位的目的是什么？标准缓冲液可否重复使用？

实验 3-2   氟离子选择性电极测定水中氟含量

一、实验目的

（1）学习用直接电位法测定氟离子浓度的方法。

（2）掌握电位分析法中标准曲线法的定量原理和过程。

二、实验原理

氟离子选择性电极的敏感膜为掺杂有氟化铕的氟化镧单晶膜，内参比电极为 Ag/AgCl 电极，内参比溶液为 10^{-3} mol/L NaF 和 0.1 mol/L NaCl（图 3-3）。以氟离子选择性电极为指示电极，甘汞电极为参比电极，构成一电池，测其电池电动势，则可测定溶液中氟离子的含量。

由氟离子选择性电极与饱和甘汞电极组成的电化学电池表示如下：

$$\text{Ag} \mid \text{AgCl} \left| \begin{array}{c} 10^{-3}\,\text{mol/L NaF} \\ 0.1\,\text{mol/L NaCl} \end{array} \right| \text{LaF}_3\,膜 \left| \text{F}^-(试液) \right. \parallel \text{KCl} \mid \text{Hg}_2\text{Cl}_2 \mid \text{Hg}$$

其电池电动势为

$$E = E_{甘汞} - (E_{Ag/AgCl} + E_{膜}) + E_j$$

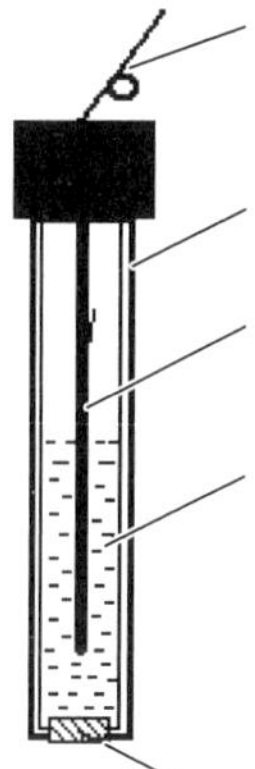

导线
电极杆
内参比电极（Ag-AgCl）
内参比溶液
敏感膜

图 3-3 氟离子选择性电极

又 $E_{膜} = E_{外} - E_{内} = 0.059\lg\dfrac{a_{F^-(内)}}{a_{F^-(外)}}$

$$= K + 0.059\lg\dfrac{1}{a_{F^-(外)}} \quad (25\ ℃)$$

当温度、pH、离子强度一定时，$E_{甘汞}$、$E_{Ag/AgCl}$、$E_{内}$、E_j（液接电位）可视为常数，故得

$$E = 常数 - 0.059\lg\dfrac{1}{a_{F^-(外)}}$$

$$E = 常数 + 0.059\lg a_{F^-(外)}$$

即在一定条件下电池电动势与溶液中氟离子浓度的对数呈线性关系。

甘汞电极电位在测定中保持不变，氟离子选择性电极电位在测定中随溶液中氟离子活度而改变。

用氟离子选择性电极测定氟离子含量时最适宜的 pH 范围为 5.5 ~ 6.5，pH 过低，由于形成 HF，降低 F^- 的活度。pH 过高，可使单晶膜水解形成 $La(OH)_3$ 而影响电极的响应，故通常用 pH=6 的醋酸钠-醋酸缓冲溶液来控制溶液的 pH。

Al^{3+}、Fe^{3+} 等对测定有严重干扰，因为它们与 F^- 形成十分稳定的配合物。加入大量的柠檬酸钠掩蔽 Al^{3+}、Fe^{3+} 则可以消除干扰。

因此为了保证测定准确度，需向标准溶液和待测试样中加入总离子强度调节缓冲溶液（TISAB）。大量的 TISAB 存在可达到控制溶液离子强度的目的，其中醋酸钠-醋酸可以起到 pH 缓冲作用，柠檬酸盐可消除 Al^{3+}、Fe^{3+} 等对电极的干扰，硝酸钾保持离子强度不变。

三、实验方法

1. 仪器与试剂

（1）仪器

pHS-3C 酸度计，氟离子选择性电极，饱和甘汞电极，电磁搅拌器。

（2）试剂

标准溶液 0.1 mol/L NaF：准确称取分析纯 NaF 1.05 g 于小烧杯中，溶解后定量转入 250 mL 容量瓶中并定容。

TISAB：称取硝酸钾 102 g、醋酸钠 83 g、柠檬酸钾 32 g 分别溶解后转入 1000 mL 容量瓶中，加入冰醋酸 14 mL，加水稀释至 800 mL 左右，摇匀（pH 应为 5~6.5，若超出此范围，可加冰醋酸或氢氧化钠，用酸度计调节），然后稀释至刻度，备用。

2. 实验步骤

（1）氟电极准备：氟离子选择性电极在使用前于 10^{-3} mol/L NaF 溶液中浸泡活化，用去离子水清洗电极，并测其电位。

（2）预热酸度计约 30 min，置酸度计于 mV 挡。

（3）标准曲线绘制

取 5 个 50 mL 容量瓶，分别加入 10 mL TISAB，用 5 mL 大肚移液管移取 0.1 mol/L NaF 标准溶液到第一个容量瓶中，稀释至刻度摇匀。再从第一个容量瓶中移取 5 mL 溶液到第二个容量瓶中，用此法依次配制含有 F⁻ 10^{-2}~10^{-6} mol/L 的标准溶液。

按酸度计 mV 挡使用说明调整好仪器，氟离子选择性电极接负极，甘汞电极接正极，用去离子水冲洗电极至空白电位，然后依次插入标准溶液（浓度由小到大）加入搅拌子搅拌 1 min 后停止，读取电动势。

水样的测定：取一支 50 mL 的容量瓶，加入 10 mL TISAB，用待测水样稀释至刻度，在相同条件下测得其电动势。

四、数据记录和处理

（1）将数据记录到表 3-2 中。

表 3-2　数据记录

项目内容	标准溶液					水样
pF	2.00	3.00	4.00	5.00	6.00	
电动势/mV						

（2）以电位 E 为纵坐标，pF 为横坐标，绘制 E-pF 标准曲线。

（3）在标准曲线上找出与水样 E 相应的 pF，计算原始试液中 F^- 的含量，单位 g/L。

五、思考题

（1）测定 F 时，加入的 TISAB 由哪些成分组成？各起什么作用？
（2）测定 F^- 时，为什么要控制酸度？pH 过高或过低有何影响？

实验 3-3　电位滴定法测定某弱酸的 K_a 值

一、实验目的

（1）掌握电位滴定法的基本原理和操作。
（2）学会制作滴定曲线，了解电位滴定方法测定 K_a 的原理。

二、实验原理

电位滴定法是借助于指示电极的电极电位随被测离子浓度的变化而变化，在滴定终点时，由于浓度不断发生改变而引起电极电位也发生改变，在等当点附近发生电位突跃，从而达到定量目的的一种分析方法。可用于中和、沉淀、配位、氧化还原、非水等各种滴定，特别适用于一般滴定法难以进行的滴定分析方法研究。

电位滴定不仅可根据终点时反应物质浓度的突变引起指示电极的电极电位突变，从而确定终点，还可用于确定某些热力学常数。例如，利用酸碱滴定的终点，pH 突跃时所消耗的滴定剂体积求出半等量点的 pH，就可求出弱酸或弱碱的 K_a 或 K_b。半等量点是指滴定剂消耗体积等于终点消耗体积一半时的那一点，因为对于一元弱酸 HA，其解离常数

$$K_a = \frac{[H^+][A^-]}{[HA]}$$

在半等量点时，剩余酸的浓度等于被中和酸的浓度——即生成盐的浓度。[HA]=[A^-]，此时 pH=K_a，K_a=[H^+]=10^{-pH}，从滴定曲线上找出半等量点的 pH 就可换算出 K_a。由滴定曲线还可确定该酸是几元弱酸。

电池表示如下：

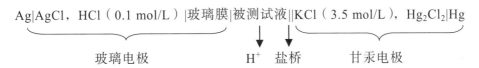

Ag|AgCl，HCl（0.1 mol/L）|玻璃膜|被测试液||KCl（3.5 mol/L），Hg_2Cl_2|Hg

玻璃电极　　　　　　　　　H^+　盐桥　　甘汞电极

电位滴定的基本装置如图 3-4 所示。

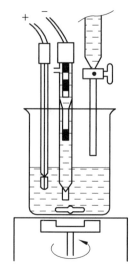

图 3-4　电位滴定基本装置

三、实验方法

1. 仪器和试剂

（1）仪器

pHS-3C 酸度计，pH 复合电极，量筒。

（2）试剂

浓度约为 0.1 mol/L 的 NaOH 溶液，标准缓冲溶液。

2. 实验步骤

（1）pH 计校准

将 pH 计预热 30 min。将 pH=6.86 的标准缓冲溶液置于塑料烧杯中，放入搅拌子，装好电极，调节仪器使显示的"pH"与标准缓冲溶液的 pH 相符。之后将电极用蒸馏水洗净，用滤纸轻轻吸干电极上的水。

（2）用 10 mL 量筒量取 4～6 mL 某酸倒入小烧杯中，加蒸馏水使之为 50 mL 左右（在保证电极正常使用即搅拌磁子不碰电极的前提下，使溶液体积尽量小，以获得最大的滴定突跃）。

（3）校正后把电极插到被测的溶液里，将盛有 NaOH 溶液的滴定管装好，开始滴定，每滴入 0.2 mL 标准 NaOH 滴定液后，记录滴入 NaOH 溶液的体积及对应的溶液 pH（在半等量点附近，每隔 0.1 mL 进行滴定记录），滴至 pH=11.5 左右为止。

四、数据记录和处理

（1）列表记录消耗 NaOH 的体积及相应的 pH。

（2）以 pH 对 NaOH 体积作图，推测该弱酸是几元酸，求出 K_a 值。

（1）本实验用指示剂法指示终点能否测定 K_a？
（2）电位滴定有哪些特点？

实验 3-4　电位滴定法测定啤酒总酸

一、实验目的

（1）理解电位滴定的优点。
（2）了解含有溶解性气体样品的脱气方法。
（3）掌握啤酒总酸的测定方法。

二、实验原理

啤酒中含有各种酸类 200 种以上，这些酸及其盐类物质控制着啤酒的 pH 和总酸的含量。啤酒的总酸度是指其所含全部酸性成分的总量，用 100 mL 啤酒样品所消耗的 1.000 mol/L NaOH 标准溶液的体积（单位：mL）表示（滴定至 pH=9.0）。

啤酒总酸的检验和控制是十分重要的。适量的可滴定总酸能赋予啤酒以柔和清爽的口感，是啤酒重要的风味因子。但总量过高或闻起来有明显的酸味也是不行的，它是啤酒可能发生了酸败的一个明显信号。根据国家标准《啤酒》（GB/T 4972—2008）的规定，常见的 10.1° ~ 14.0°啤酒总酸度应≤2.6 mL/100 mL 酒样。在实际生产中则控制在≤2.0 mL/100 mL 酒样。

本实验利用酸碱中和原理，以 NaOH 标准溶液直接滴定啤酒样品中的总酸，但因为啤酒中含有种类较多的脂肪酸和其他有机酸及其盐类，有较强的缓冲能力，所以在化学计量点处没有明显的突跃，用指示剂指示不能看到颜色的明显变化。但可以用 pH 计在滴定过程中随时测定溶液的 pH，至 pH=9.0，即为滴定终点。即使啤酒颜色较深也不妨碍测定。

三、实验方法

1. 实验仪器与试剂

（1）仪器

pHS-3C 酸度计，pH 复合电极，碱式滴定管，磁力搅拌器，恒温水浴锅，万分之一电子天平。

（2）试剂

浓度约为 0.1 mol/L 的 NaOH 溶液，基准邻苯二甲酸氢钾，酚酞指示剂，标准缓冲溶液（25 ℃ 时 pH=6.86 和 pH=9.18），市售啤酒。

2. 实验步骤

（1）NaOH 溶液的标定

用万分之一天平称取 0.4～0.5 g（精确至±0.0001 g）于 105～110 ℃ 烘干至质量恒定的基准邻苯二甲酸氢钾，溶于 50 mL 去离子水中，加入 2 滴酚酞指示剂溶液，以新制备的 NaOH 标准溶液滴定至溶液呈微红色且 30 s 不褪色为终点。

（2）pH 计的校准

将酸度计预热 30 min。将 pH=6.86 的标准缓冲溶液置于塑料烧杯中，放入搅拌子，将 pH 复合电极插入标准缓冲溶液中，开动搅拌器，对酸度计进行定位。再用 pH=9.18 的标准缓冲溶液校核。反复多次，使读数与该温度下的两点标称值相差在±0.02 单位以内。

（3）样品的处理

用倾注法将啤酒来回脱气 50 次（一个反复为一次）后，准确移取 50.00 mL 酒样于 100 mL 烧杯中，置于 40 ℃ 水浴锅中保温 30 min 并不时振摇，以除去残余的二氧化碳，然后冷却至室温。

（4）总酸的测定

将样品杯置于磁力搅拌器上，插入复合电极，在搅拌下用 NaOH 标准溶液滴定至 pH=9.0 为终点，记录所消耗 NaOH 标准溶液的体积。同一样品两次平行测定值之差不得超过 0.1 mL/100 mL。

四、实验数据处理

记录所消耗 NaOH 标准溶液的体积，按下式计算被测啤酒试样中总酸的含量，并判断总酸度是否合格。

$$总酸的含量 \ X = 2 \cdot c_{NaOH} \cdot V_{NaOH}$$

式中　X——总酸的含量，即 100 mL 啤酒试样消耗 c_{NaOH}=0.1000 mol/L 标准溶液的体积，mL/100 mL；

c_{NaOH}——NaOH 标准溶液浓度，mol/L；

V_{NaOH}——消耗 NaOH 标准溶液的体积，mL；

2——换算成 c_{NaOH} 100 mL 酒样的因子，L/mol。

五、思考题

（1）本实验为什么不能用指示剂法指示终点，而可以用电位滴定法？

（2）本实验的主要误差来源有哪些？

六、注意事项

（1）被测溶液中含有易污染敏感球泡或堵塞液接界面的物质，会使电极钝化，其现象是百分理论斜率低，响应时间长，读数不稳定。为此，应根据污染物质的性质，以适当的溶液清洗，使之复新。

（2）移取酒样时，注意不要吸入气泡，以防止读数不准。

实验 3-5　循环伏安法测定铁氰化钾的电极反应过程

一、实验目的

（1）学习固体电极的处理方法。

（2）学习电化学工作站循环伏安功能的使用方法。

（3）了解扫描速率和浓度对循环伏安图的影响。

二、实验原理

1. 循环伏安法基本原理

伏安法与极谱法是一种特殊形式的电解方法。它以小面积的工作电极与参比电极组成电解池，电解被分析物质的稀溶液，根据所得到的电流-电压曲线来进行分析。它们的差别主要是工作电极的不同，传统上将滴汞电极作为工作电极的方法称为极谱法，而使用固态、表面静止或固定电极作为工作电极的方法称为伏安法。伏安分析法不同于近乎零电流下的电位分析法，也不同于溶液组成发生很大改变的电解分析法，由于其工作电极表面积小，虽有电流通过，但电流很小，因此溶液的组成基本不变。它的实际应用相当广泛，凡能在电极上发生还原或氧化反应的无机、有机物质或生物分子，一般都可用伏安法测定。

循环伏安法是将单扫描极谱法的线性扫描电位扫至某设定值后，再反向扫回至原来的起始电位，以所得的电流-电压曲线为基础的一种分析方法，其电位与扫描时间的关系如图 3-5（a）所示，呈等腰三角形。如果前半部（电压上升部分）扫描为物质还原态在电极上被氧化的阳极过程，则后半部（电压下降部分）扫描为氧化产物被还原的阴极过程。因此，一次三角波扫描完成一个氧化和还原过程的循环，故称为循环伏安法。其电流-电压曲线如图 3-5（b）所示。

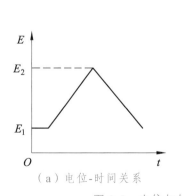

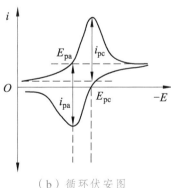

（a）电位-时间关系　　　　　　　　（b）循环伏安图

图 3-5　电位与扫描时间关系和电流电压曲线

通常，循环伏安法采用三电极系统，使用的指示电极有悬汞电极、汞膜电极和固体电极，如铂电极、玻碳电极等。

对于可逆电极过程，氧化峰电流和还原峰电流之比为 $i_{pa}/i_{pc} \approx 1$。

氧化峰电位和还原峰电位之差为 $\Delta E_p = E_{pa} - E_{pc} \approx 56.5/n$（mV），通常 ΔE_p 在 55 ~ 65 mV。

峰电位与条件电位的关系为 $E^{\ominus'} = (E_{pa} + E_{pc})/2$。

2. 铁氰化钾测定原理

铁氰化钾离子和亚铁氰化钾离子电对 $[Fe(CN)_6]^{3-}/[Fe(CN)_6]^{4-}$ 的标准电极电位为

$$[Fe(CN)_6]^{3-} + e^- = [Fe(CN)_6]^{4-} \quad E^{\ominus} = 0.36 \text{ V（vs. SHE）}$$

一定扫描速率下，从起始电位（-0.2 V）正向扫描至转折电位（+0.8 V）期间，溶液中 $[Fe(CN)_6]^{4-}$ 被氧化生成 $[Fe(CN)_6]^{3-}$，产生氧化电流；当从转折电位（+0.8 V）负向扫描至起始电位（-0.2 V）期间，在指示电极表面生成的 $[Fe(CN)_6]^{3-}$ 又被还原成 $[Fe(CN)_6]^{4-}$，产生还原电流。为使液相传质过程只受扩散控制，应在溶液处于静止的状态下进行电解。1.00 mol/L NaCl 水溶液中，$[Fe(CN)_6]^{3-}$ 的扩散系数为 0.63×10^{-5} cm/s，电子转移速率大，为可逆体系。溶液中的溶解氧具有电活性，干扰测定，应预先通入惰性气体将其除去。

三、实验方法

1. 仪器与试剂

（1）仪器

CHI660D 电化学工作站一台，电解池 1 个，玻碳电极（指示电极）、铂丝电极（辅助电极）、饱和甘汞电极（参比电极）各 1 支，移液管，容量瓶等。

（2）试剂

0.100 mol/L $K_3[Fe(CN)_6]$ 溶液，1.00 mol/L NaCl 溶液，均用分析纯级试剂和超纯水配制。

2. 实验步骤

（1）玻碳电极的预处理

将少量 Al_2O_3 粉末（粒径 0.05 μm）置于润湿的麂皮上，将玻碳电极表面抛光然后用蒸馏水冲洗干净。

（2）支持电解质的循环伏安图

在电解池中加入 30 mL 1.0 mol/L NaCl 溶液，插入电极（以抛光处理后的玻碳电极为工作电极，铂丝电极为辅助电极，饱和甘汞电极为参比电极），设定循环伏安扫描参数：起始电位为 -0.2 V，终止电位为 0.8 V，扫描速率为 0.05 V/s。点运行开始循环伏安扫描，扫描完成后保存循环伏安图。

（3）不同浓度溶液的循环伏安图

分别作加入 0.50 mL、1.00 mL、1.50 mL 和 2.00 mL $K_3[Fe(CN)_6]$ 溶液后（均含支持

电解质 NaCl）的循环伏安图，并将主要参数记录在表 3-3 中。

表 3-3　不同浓度 $K_3[Fe(CN)_6]$ 溶液及不同扫描速率下的循环伏安数据记录

NaCl 溶液体积 /mL	$K_3[Fe(CN)_6]$ 溶液加入量 /mL	$K_3[Fe(CN)_6]$ 浓度/mol ·L^{-1}	扫描速率 v /mV · s^{-1}	氧化峰电位 E_{pa} /V	氧化峰电流 i_{pa}/μA	还原峰电位 E_{pc}/V	还原峰电流 i_{pc}/μA	峰电位差 ΔE/V
30	0	0	50					
30	0.50	0.0016	50					
30	1.00	0.0032	50					
30	1.50	0.0048	50					
30	2.00	0.0064	50					
30	2.00	0.0064	10					
30	2.00	0.0064	100					
30	2.00	0.0064	150					
30	2.00	0.0064	200					

（4）不同扫描速率下 $K_3[Fe(CN)_6]$ 溶液的循环伏安图

在加入 2.00 mL $K_3[Fe(CN)_6]$ 的溶液中，分别以 10 mV/s、100 mV/s、150 mV/s 和 200 mV/s 的速率，在 $-0.2 \sim +0.8$ V 电位范围内进行扫描，分别记录循环伏安图，并将主要参数记录在表 3-3 中。

四、实验数据处理

（1）根据表 3-4，分别以氧化峰电流和还原峰电流对 $K_3[Fe(CN)_6]$ 浓度作图。

表 3-4　氧化峰电流和还原峰电流与 $K_3[Fe(CN)_6]$ 浓度的关系

$K_3[Fe(CN)_6]$ 浓度/mol · L^{-1}	0.0016	0.0032	0.0048	0.0064
氧化峰电流 i_{pa}/μA				
还原峰电流 i_{pc}/μA				
i_{pa}/i_{pc}				

（2）由表 3-5 分别以氧化峰电流和还原峰电流对扫描速率的 1/2 次方（$v^{1/2}$）作图。

表 3-5　还原峰电流和氧化峰电流与扫描速率的关系

扫描速率 v/mV · s^{-1}	10	50	100	150	200
$v^{1/2}$					
氧化峰电流 i_{pa}/μA					
还原峰电流 i_{pc}/μA					
i_{pa}/i_{pc}					

（1）$K_4[Fe(CN)_6]$和$K_3[Fe(CN)_6]$的循环伏安图是否相同？为什么？

（2）由实验记录的ΔE和表3-4、表3-5的i_{pa}/i_{pc}值判断该实验的电极过程是否可逆。

（3）实验中测得的条件电极电位若与文献值有差异，试说明原因。

实验 3-6 库仑滴定法测定维生素 C

一、实验目的

（1）学习和掌握库仑滴定法与永停终点法的基本原理。

（2）学会库仑分析仪的使用方法和有关操作技术。

（3）学习和掌握用库仑滴定法测定维生素 C 含量的实验技术。

二、实验原理

库仑滴定法是建立在恒电流电解基础上的一种电化学分析方法，可用于常量或痕量物质的测定。通过电解时的电极反应，定量产生"滴定剂"与待测定物质发生化学反应。根据法拉第定律，由电解时通过溶液的电量，计算待测物质的含量。在电解过程中，应使电解电极上只进行生成滴定剂的反应，而且电解的电流效率应是 100%。滴定时，须选定适当的方法来指示终点，通常可以采用指示剂或电化学方法指示终点。

在弱酸性介质中，I^- 极易以 100%的电流效率在铂电极上氧化生成 I_2，电生的 I_2 可以定量地与溶液中的维生素 C（Vc，又称为抗坏血酸）发生化学反应，将其从烯二醇结构氧化为二酮基，从而定量测定维生素 C 的含量。反应方程式如下：

利用电流滴定法确定终点时，在到达计量点前，库仑池中只有 Vc、Vc′和I^-，其中 Vc′为 Vc 的氧化态。Vc′/Vc 是不可逆电对，在指示电极上加 150 mV 的极化电压时，并不发生电极反应，所以指示回路上的电流几乎为零；但当溶液中的 Vc 反应完全后，稍过量的 I_2 使溶液中有了可逆电对 I_2/I^-。该电对在指示电极上发生反应，指示回路上电流升高，指示终点到达。

本实验利用双极化电极（双铂电极）电流上升法指示终点（永停终点法）。记录电解过程中所消耗的电量，根据法拉第定律，可计算出发生电解反应的物质的量，进而根据 Vc 与 I_2 反应的计量关系求得 Vc 的量（或含量）。

电极反应和滴定反应如下：

阴极反应：$2H^+ + 2e^- \rule[0.5ex]{2em}{0.4pt} H_2$

阳极反应：$3I^- \rule[0.5ex]{2em}{0.4pt} I_2 + 2e^-$

滴定反应：$Vc + I_3^- \rule[0.5ex]{2em}{0.4pt} Vc' + I^- + 2HI$

根据法拉第定律，可计算出 Vc 的量。计算公式为

$$m = \frac{MQ}{nF}$$

式中　m —— 被测试样中 V_C 的质量，g；

M —— V_C 的摩尔质量，$M = 176.1$ g/mol；

n —— 电极反应的电子转移数，本实验中为 2；

Q —— 库仑滴定过程中所消耗的电解电量，C；

F —— 法拉第常数，F–96 485 C/mol。

三、实验方法

1. 实验仪器与试剂

（1）仪器

KLT-1 型通用库仑分析仪，分析天平，研钵，磁力搅拌器，容量瓶（100 mL 和 500 mL），移液管（1 mL 和 5 mL），烧杯（50 mL）。

（2）试剂

抗坏血酸，10 % KI-0.01 mol/L HCl 混合溶液，0.01 mol/L HCl-0.1 mol/L NaCl 混合溶液，1∶1 HNO_3 溶液，以上试剂均为分析纯级纯度或由分析纯级试剂配制。市售维生素 C 片剂（或果汁饮料）。

2. 实验步骤

（1）样品溶液的制备

准确称取一片维生素 C 片，在 50 mL 烧杯中用新煮沸并冷却的去离子水与 0.01 mol/L HCl-0.1 mol/L NaCl 溶液溶解，转移至 25.00 mL 容量瓶中，定容。果汁饮料可直接移取适量进行测定。

（2）铂电极的预处理

将铂电极浸入热的 1∶1 HNO_3 溶液中（在通风橱中进行），取出后用去离子水冲洗净。

（3）电解液的配制

10% KI-0.01 mol/L HCl 混合液为电解液。取电解液约 80 mL 置于库仑池中，另取少量电解液作为铂丝电极内充液注入砂芯隔离的玻璃管内，并使液面高于库仑池内液面。

（4）仪器预热

开启通用库仑分析仪电源前，所有按键处于释放状态，"工作/停止"开关置"停止"，电解电流一般选择为 10 mA 挡。开启电源，预热 10 min。将中二芯红线（电解阳极）接双铂片工作电极，中二芯黑线（电解阴极）接铂丝电极。大二芯黑、红夹子分别夹

两个独立的指示铂片电极。

（5）预电解

进行预电解的目的是消除电解液中 I_3^- 的干扰。终点指示方式选择为"电流上升法"，补偿计划电位键先调在 0.4 的位置，按下启动按键，再按下极化电势按键，调节指示电极的极化电势为 150 mV（即 50 A 表头指针至 15），松开极化电势按键，调节电解电流为 10 mA。

加入一定量的抗坏血酸溶液于库仑池中，开动搅拌器，按下电解按钮，指示灯灭，开始电解。电解至终点时表针开始向右突变，红灯即亮，电解自动停止。仪器读数即为总消耗的电量（单位：mC）。弹出启动按键，显示器数字自动消除。

（6）样品测定

准确移取 0.30 mL 样品溶液注入预电解后的库仑池中，搅拌均匀后，在不断搅拌下按下启动键和电解按钮进行电解滴定，滴定至终点时自动停止。记录显示器上的电解电量 Q，单位为毫库仑（mC）。按上述步骤平行测定 3 次。

（7）结束和清洗

测定结束后，使库仑分析仪各按键处于起始状态，关闭电源，清洗电极和电解池（库仑池）。

四、数据记录和处理

（1）将 3 次平行测定所得的电量 Q 取平均值后，计算试液中 Vc 的质量。

（2）当 Q 的单位为 mC 时，m 的单位为 mg。根据样品消耗的电量计算出每片维生素 C 中维生素 C 的含量，并与标示值比较。

五、思考题

（1）进行库仑滴定分析的前提条件是什么？

（2）不进行预电解对测定结果会产生什么影响？

（3）为什么要用新煮沸过的蒸馏水配制溶液？

（4）能否在碱性溶液中进行该实验？

六、注意事项

（1）电解系统中双铂片为电解阳极，电解阴极内应装有电解液，且液面要高于电解池内的液面。

（2）维生素 C 在水溶液中易被溶解氧所氧化，在酸性 NaCl 溶液中较稳定。所用去离子水预先通氮气除氧则效果更好。

实验 3-7　电导法测定水质纯度

一、实验目的

（1）掌握电导分析法的基本原理和电导仪的使用方法。

（2）掌握电导池常数的测量技术和测定水纯度的实验方法。

二、实验原理

水的电导率 κ 反映了水中无机盐的总量，是水质纯度检测的一项重要指标。由于一般水中含有极其微量的 Na^+、K^+、Ca^{2+}、Mg^{2+}、Cl^-、CO_3^{2-}、SO_4^{2-} 等多种离子，所以具有导电能力。离子浓度越大，导电能力越强，电导率越大；反之，水的纯度越高，离子浓度越小，电导率越小。纯水的理论电导率为 0.055 μS/cm，去离子水的电导率是 0.1 ~ 1 μS/cm，自来水的电导率为 500 μS/cm。

电解质溶液是通过正、负离子的移动导电的，电导：

$$G = \frac{1}{R} = \kappa \frac{A}{l} = \frac{K}{\theta}$$

式中　κ——电导率，S/cm；

　　　θ——电导池常数，$\theta = l / A$。

测量电导率，不是在 25 ℃下进行时，用如下公式换算成 25 ℃时的电导率：

$$\kappa = \frac{\kappa_t}{1 + 0.022(t - 25)}$$

三、实验方法

1. 仪器与试剂

（1）仪器

DDS-1 型电导仪，电导电极（光亮电极和铂黑电极）。

（2）试剂

去离子水、蒸馏水、自来水。

0.1000 mol/L KCl 标准溶液：准确称取已烘干的 KCl（基准试剂）0.7450 g 置于小烧杯中，用少量高纯水溶解，定量转入 100 mL 容量瓶中，用高纯水定容。

2. 实验步骤

（1）电导池常数的测定

将电导仪接上电源，开机预热。装上电导电极，用蒸馏水冲洗铂黑电极几次，并用滤纸吸干。

将洗净的电极再用 KCl 标准溶液清洗，并用滤纸吸干。将铂黑电导电极插入电导池中，加入待测的 KCl 溶液，以溶液淹没电极为宜调节电极位置。置电导池于 25 ℃

恒温水槽中，将电极导线接到电导仪上。待恒温水槽的温度显示屏显示的温度差几度达到 25 ℃ 时，将电导仪的开关扳至"ON"及"校正"位置，调节校正旋钮使指针指在满标度。待达到 25 ℃ 时，将开关扳至"测量"挡，进行测量。测量时，可调节量程选择开关各挡，使指针落在表盘内。测量完毕后，将开关扳至"OFF"挡。由测量结果确定电导池常数。

（2）水样电导的测定

取去离子水、蒸馏水、自来水分别置于 3 个 50 mL 烧杯中，用蒸馏水、待测水样依次清洗电极，逐一进行测量，将测得结果填入表 3-6。

四、数据记录与处理

（1）计算电导池常数 θ

测得 0.1000 mol/L KCl 溶液的电导为 $G = 1/R =$ _____ mS

而 25 ℃ 时，0.1000 mol/L KCl 溶液的电导率 κ 为 0.012 88 S/cm

则 $\theta = \kappa/G =$ _____ cm^{-1}

（2）计算水样的电导率，填入表 3-6。

表 3-6　水样电导率测定结果

项目内容	水样	去离子水	自来水
电导 G/mS			
电导率 κ/S·cm^{-1}			

其中 $\kappa = \theta \times G$，通过计算比较去离子水和自来水纯度。

五、思考题

（1）新制备的蒸馏水放入电导池后，为什么应立即测定？
（2）用蒸馏法和离子交换法制得的纯水各有何优点？

六、注意事项

（1）电解质溶液的电导率随温度的变化而改变，因此，在测量时应保持被测体系处于恒温条件下。
（2）电极接线不能潮湿或松动，否则会引起测量误差。

3.3　仪器部分

3.3.1　甘汞电极

1. 结　构

甘汞电极的构造是内玻璃管中封接一根铂丝，铂丝插入纯汞中（厚 0.5 ~ 1 cm），下置一层甘汞（Hg_2Cl_2）和汞的糊状物；外玻璃管中装入 KCl 溶液，电极下端与待测溶液接触部分是以玻璃砂芯等多孔物质组成的通道，如图 3-6 所示。

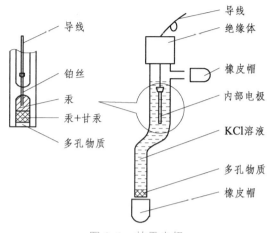

导线
铂丝
汞
汞+甘汞
多孔物质

导线
绝缘体
橡皮帽
内部电极
KCl溶液
多孔物质
橡皮帽

图 3-6　甘汞电极

25 ℃ 时不同浓度 KCl 溶液的甘汞电极电位如表 3-7 所示：

表 3-7　25 ℃ 时不同浓度 KCl 溶液的甘汞电极电位

KCl 溶液浓度/mol · L^{-1}	0.1	1	饱和
电位/V	+0.3365	+0.2828	+0.2438

2. 使用注意事项

（1）电极应立式放置，使用时电极上端小孔的橡胶塞应该拔去，以防止产生扩散电位影响测试结果。

（2）电极内的盐桥溶液中不能有气泡，以防止溶液短路，饱和盐桥溶液的电极应保留少许结晶体，以保证饱和的要求。通常要使盐桥溶液的液面高于待测液的液面 2 cm 左右。

（3）电极不用时，应套上橡胶塞，将电极保存在氯化钾溶液中。

3.3.2　酸度计

酸度计又称 pH 计，如图 3-7 所示。可用于测定电动势、电极电位和 pH。

图 3-7　酸度计

测量 pH 的范围通常为 0.00 ~ 14.00，测量电动势的范围通常为–1999 ~ 1999 mV。酸度计仪器操作简单方便，应用广泛。

酸度计是由指示电极、参比电极和一台精密的电位计组成。精密电位计大多采用数字式显示，输入阻抗大，测定的精密度高，稳定性好。

1. 使用方法

酸度计有多种型号，但基本组成和使用方法相近，以上海精密仪器厂生产的 pHS-3C 型酸度计为例说明。

pHS-3C 型酸度计面板如图 3-8 所示，其使用方法如下。

（1）开机准备：拔掉测量电极插座处的 Q9 短路插头，在测量电极插座处插入测量电极，并接上参比电极；将测量电极和参比电极分别插入电极夹中，调节到适当位置；按下电源开关，接通电源，预热 30 min。

（2）测量 pH：测定溶液 pH 前，首先要对仪器进行定位校准，经定位的仪器，可用来测量待测溶液的 pH。具体过程如下：

① 准备：将 pH 复合电极下端的电极保护套拔下，并且拉下电极上端的橡胶套使其露出上端小孔；用去离子水清洗电极头部，并用吸水纸仔细吸干水分，将电极插入溶液中，使溶液淹没电极头部的玻璃球。

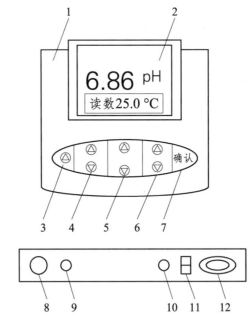

1—机体；2—显示屏；3—pH/mV 键；4—温度键；5—斜率键；6—定位键；7—确认键；
8—测量电极接口；9—参比电极接口；10—保险丝座；11—电源开关；12—电源插座。

图 3-8　pHS-3C 型酸度计面板示意图

② 温度设定：按 pH/mV 键（3）使仪器进入 pH 测量状态，再按温度键（4）至显示"温度"（此时温度指示灯亮），使仪器进入溶液温度调节状态（此时温度单位°C），

按"△"或"▽"键调节温度显示数值上升或下降，使温度显示值和溶液温度一致，然后按"确认"键（7），仪器确认溶液温度值后回到 pH 测量状态（温度设置键在 mV 测量状态下不起作用）。

③ 定位校准：把用去离了水清洗过并吸干水分的电极插入 pH=6.86 的标准缓冲溶液中，按定位键 6 至显示"定位"，待稳定后按"确认"键，仪器回到 pH 测量状态，显示当前温度下的 pH 即"6.86"。若达不到可反复按"定位""确认"键 2～3 次，使最终显示"6.86"。

④ 斜率校准：把用去离子水清洗过并吸干水分的电极插入 pH=4.00（或 pH=9.18）的标准缓冲溶液中，按斜率键 5 至显示"斜率"，待稳定后按"确认"键，仪器回到 pH 测量状态，显示 pH 为"4.00"（或"9.18"），若达不到可反复按"斜率""确认"键 2～3 次，最终显示当前温度下的 pH。

仪器在定位状态下，也可通过按"△"或"▽"键手动调节标准缓冲溶液的 pH，然后按"确认"键确认。上述定位完成后，定位键和确认键不能再按。

⑤ 测量 pH：用去离子水清洗电极头部并吸干水分，把电极插入待测溶液内，加入搅拌子，打开搅拌器，调节至适当搅拌速度，溶液搅匀后，即可读出溶液的 pH。

（3）测量电极电位（单位：mV）

① 把两支电极分别插入电极插座处，并夹在电极架上。

② 打开电源开关，仪器进入 pH 测量状态，按 pH/mV 键（3），使仪器进入 mV 测量状态。

③ 用去离子水清洗电极头部，再用待测溶液润洗。

④ 把电极插在待测溶液内，加入搅拌子，打开搅拌器，调节至适当搅拌速度，溶液搅匀后，即可读出电动势值（mV），还可自动显示±极性。

2. 注意事项

（1）玻璃电极下端的玻璃球很薄，所以切忌与硬物接触，一旦破裂，则电极完全失效。

（2）玻璃电极使用前，应把玻璃球部位浸泡在蒸馏水中至少一昼夜。若在 50 ℃蒸馏水中保温 2 h，冷却至室温后可当天使用。不用时也最好浸泡在蒸馏水中，供下次使用。

（3）玻璃电极测定碱性溶液时，应尽量快测，对于 pH>9 的溶液的测定，应使用高碱玻璃电极。在测定胶体溶液、蛋白质或染料溶液后，玻璃电极宜用棉花或软纸沾乙醚小心地轻轻擦拭，然后用酒精洗，最后用水洗。电极若沾有油污，应先浸入酒精中，其次移置于乙醚或四氯化碳中，然后再移至酒精中，最后用水洗。

（4）使用甘汞电极时，注意 KCl 溶液应浸没内部的小玻璃管下口，且在弯管内不得有气泡将溶液隔断。

（5）甘汞电极不使用时，要用橡皮套把下端毛细管套住，存放于电极盒内。

（6）甘汞电极内装饱和 KCl 溶液，并应有少许 KCl 结晶存在。注意不要使饱和 KCl

溶液放干，以防电极损坏。

（7）安装电极时，应使甘汞电极下端比玻璃电极下端低 2 ~ 3 mm，以防玻璃电极碰触杯底而破损。

（8）复合电极头部勿接触污物，如发现玷污可用医用棉花轻轻擦电极头部，或用0.1 mol/L 的稀盐酸清洗。

（9）新的复合电极在使用之前需在 3 mol/L 的 KCl 溶液中浸泡 24 h。

3.3.3　电化学分析仪

国内外有多家生产电化学分析仪器的厂家，其不同系列产品近年来更新速度较快。现在的电化学分析仪器一般不再局限于单一功能，且向小型、便携式方向发展。它不仅可作为独立的分析仪器，还可作为诸如液相色谱、流动注射或毛细管电泳的检测器，这些特点拓展了仪器的应用范围。

一般来说，电化学分析仪主要由主机、电解池、计算机几部分组成，而且功能可在以下多方面进行选择：循环伏安法、线性扫描伏安法、计时电流法、计时电量法、差分脉冲伏安法、常规脉冲伏安法、方波伏安法和电流-时间曲线等。

电分析化学仪的主机主要包括电子硬件、数据传输接口等。电解池目前应用较多的是三电极系统，包括工作电极、参比电极和辅助电极。三电极体系如图 3-9 所示，其中电流在工作电极与辅助电极间流过，参比电极与工作电极组成一个电位监控回路，由于回路中的运算放大器输入阻抗高，实际上没有明显的电流通过参比电极而使其电位保持恒定，因此可利用该回路来控制和测量工作电极的电极电位。工作电极可以是固体电极也可以是液体电极，如玻碳电极、铂电极、汞电极等。其中玻碳电极是由结构致密、坚硬、低孔度的玻璃状碳材料制成，具有高导电率、化学惰性、氢过电位和溶解氧还原过电位小、表面更新容易的特点，其工作电位范围很宽，且易于制作汞膜电极。铂电极由高纯度铂制成，具有化学惰性、氢过电位小等特点，能在较正的电位

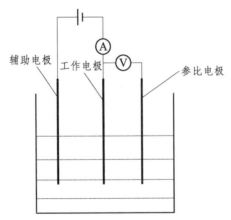

图 3-9　三电极体系示意图

范围内工作。参比电极则有饱和甘汞电极、银/氯化银电极等，辅助电极一般用铂丝或铂片等。

3.3.3.1　CHI660D 电化学工作站

CHI660D 电化学工作站是上海辰华仪器有限公司生产的多功能通用电化学分析仪，由主机、电解池和计算机组成。该仪器能进行循环伏安法、线性扫描伏安法、计时电流法、计时电量法、差分脉冲伏安法、常规脉冲伏安法、方波代安法、溶出伏安法、交流阻抗测定、电流-时间曲线等测定。仪器由计算机控制，其电压扫描范围为 $-10 \sim +10\ V$，参比电极输入阻抗为 $1 \times 10^{12}\ \Omega$，灵敏度达 $1 \times 10^{-12}\ A/V$。下面简要介绍仪器的使用方法和注意事项。

1. 使用方法

（1）打开计算机和电化学工作站的电源开关，并点击 CHI660D 软件图标进入工作站软件主界面。

（2）点击"Technique"菜单选择测定方法，并设定相应的电化学参数。

（3）将三电极系统插入待测溶液中并夹好相应的电极夹头，绿色为工作电极，白色为参比电极，红色为辅助电极。

（4）点击"Control"菜单中的开始选项即可进行实验测定。

（5）测定完成后点击"Graphics"菜单中的"Present data plot"即可显示实验结果，如峰电位、峰电流等数值。

（6）完成后可点击"File"菜单中的"Save as"保存实验数据或点击"Print"打印实验结果。

（7）实验测定结束后，退出工作站软件，关闭仪器主机和计算机。

2. 注意事项

（1）工作电极、参比电极、辅助电极与仪器连接时注意电极夹头一一对应，并且电极夹头导电部分相互分开。

（2）若实验过程中发现电流溢出即"Overflow"，应停止实验，调整实验参数中"Sensitivity"，将数值调大即可（数值越小越灵敏）。

（3）为使测定的实验数据重现性好，固体电极在使用前一般应进行预处理以获得表面平滑光洁、新鲜的电极表面，通常可采用清洗、抛光、预极化等处理方法。

3.3.4　库仑仪

3.3.4.1　库仑仪的主要部件

进行库仑滴定可以选用多种型号的库仑滴定仪、自动滴定微库仑计等仪器。库仑滴定的装置一般包括电解系统与指示系统两大部分（图 3-10）。电解系统包括电解池

（或称库仑池）、计时器（如电子计数式频率计）和恒电流源（如晶体管恒电流源）。电解池中插入工作电极，辅助电极以及用于指示终点的电极。工作电极一般为产生试剂的电极，直接浸于溶液中；辅助电极则经常需要套一多孔性隔膜（如微孔玻璃），以防止由于辅助电极所产生的反应干扰测定。

指示系统：滴定的终点可根据测定溶液的性质选择适宜的方法，如化学指示剂法、电位法、永停终点法等。

（1）化学指示剂法　滴定分析中使用的化学指示剂基本上也能用于库仑滴定。用化学指示剂指示终点可省去库仑滴定中指示终点的装置。在常量的库仑滴定中比较简便。

（2）电位法　库仑滴定中用电位法指示终点与电位滴定法确定终点的方法相似。在库仑滴定过程中可以记录电位（或 pH）对时间的关系曲线，用作图法或微商法求出终点。也可用 pH 计或离子计，由指针发生突变表示终点到达。

（3）永停终点法　在指示终点系统的两支大小相同的铂电极上，加 50～200 mV 的电压。当到达终点时，由于电解液中产生可逆电对或原来的可逆电对消失，该铂电极回路中的电流迅速变化或停止变化。永停终点法指示终点非常灵敏，常用于氧化还原滴定体系。

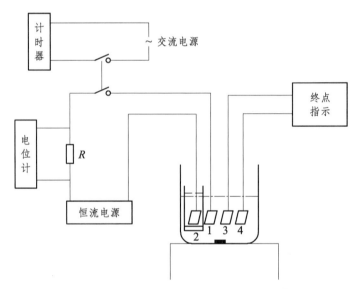

1—工作电极；2—辅助电极；3,4—指示电极。

图 3-10　库仑滴定池

3.3.4.2　KLT-1 型通用库仑仪的使用方法

KLT-1 型通用库仑仪是由江苏电分析仪器厂生产的一种适合于科研及教学的库仑计。该仪器属非专用仪器，具有多种终点检测方式，如指示电极电流法、指示电极电位法等。

图 3-11 是 KLT-1 型通用库仑仪的面板图，其操作步骤如下。

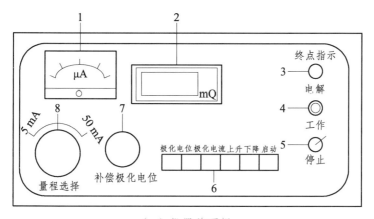

（a）仪器前面板

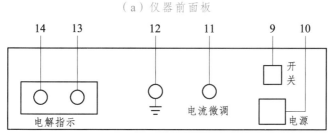

（b）仪器后面板

1—微安表；2—电动势显示窗；3—终点指示灯；4—电解按钮；5—工作/停止开关；
6—琴键开关；7—补偿极化电位键；8—量程选择开关；9—电源开关；
10—电源插座；11—电流微调旋钮；12—接地端；
13—指示电极插孔；14—电解电极插孔。

图 3-11　KLT-1 型通用库仑仪面板简图

（1）开启电源前，将所有按键全部释放，"工作/停止"开关（5）置"停止"位置。
电解电流量程选择开关（8）根据待测组分的含量和试样量的多少以及分析精度选择合
适的挡，电流微调旋钮（11）放在最大位置，一般情况下选 10 mA 挡。

（2）开启电源开关（9），预热 10 min。根据试样分析需要及采用的滴定剂，按键 6
选用指示电极电位法或指示电极电流法，把指示电极和电解电极插入仪器后相应插孔
13、14 内，并夹在相应的电极夹上。把盛有电解液的电解杯放在搅拌器上，并开启搅
拌器，选择适当转速进行搅拌。

（3）以电解产生 Fe^{2+} 测定 Cr^{6+} 为例，终点指示方式可通过按下键 6 中的电位键和
下降键，选择"电位-下降"法。先调节补偿极化电位键（7）在"3"的位置，按下键
中的启动键，按下键中的极化电位键，调节补偿极化电位键（7）使微安表（1）的指
针指在 40 左右，松开键 6 中的极化电位键，待微安表（1）的指针稍稳定，将"工作/
停止"开关（5）置"工作"挡，如这时终点指示灯（3）处于灭的状态，则从此时开
始电解计数，如这时终点指示灯（3）处于亮的状态，则按一下电解按钮（4），终点指
示灯灭，开始电解。电解至微安表（1）的指针开始向左突变，终点指示灯（3）亮，

电量 LED 显示窗（2）的显示数即为所消耗的电量（mC）。

（4）再以电解产生碘测定砷为例，终点指示方式可通过按下键中的电流键和上升键，选择"电流-上升"法。先调节补偿极化电位键（7）在 0.4 的位置，按下键中启动键和极化电位键，调节补偿极化电位键（7）使微安表（1）的指针指在 20 左右，松开键中的极化电位键，待微安表（1）的指针稍稳定，将"工作/停止"开关（5）置"工作"挡，如这时终点指示灯（3）处于灭的状态，则从此时开始电解计数；如这时终点指示灯（3）处于亮的状态，则按一下电解按钮（4），终点指示灯（3）灭，开始电解。电解至微安表（1）的指针开始向右突变，终点指示灯（3）亮，电量 LED 显示窗（2）的显示数即为所消耗的电量（mC）。

4 原子发射光谱法

4.1 原子发射光谱法原理及应用

原子发射光谱法（Atomic Emission Spectrometry，AES；或 Optical Emission Spectrometry，OES）是根据待测物质的气态原子或离子受激发后所发射的特征光谱的波长及其强度来测定物质中元素组成和含量的分析方法。原子发射光谱具有多元素同时测定、分析速度快、选择性好、灵敏度高、应用范围宽、可进行定性和定量分析等诸多优势。目前已在机械、电子、农业、医学、食品、冶金、材料、矿产资源开发、环境监测等方面得到广泛应用。

通常情况下，原子处于基态，在激发光源作用下，原子获得足够的能量，外层电子由基态跃迁到较高的能量状态即激发态。处于激发态的原子是不稳定的，其寿命小于 10^{-8} s，外层电子就从高能级向较低能级或基态跃迁。多余的能量发射出来，就得到了一条光谱线。谱线波长与能量的关系为

$$\Delta E = E_2 - E_1 = h\upsilon = hc/\lambda \qquad (4\text{-}1)$$

式中　　ΔE——两能级的能量差；

　　　　E_2，E_1——高能级与低能级的能量；

　　　　υ——发射谱线的频率；

　　　　λ——波长；

　　　　h——普朗克（Plank）常量；

　　　　c——光速。

原子由某一激发态向基态或较低能级跃迁发射谱线的强度，与激发态原子数成正比。在激发光源高温条件下，温度一定，处于热力学平衡状态时，单位体积基态原子数 N_0 与激发态原子数 N_i 之间遵守玻尔兹曼（Boltzmann）分布定律。在一定条件下，基态原子数与试样中该元素浓度成正比，进而谱线强度与被测元素浓度成正比，这是光谱定量分析的依据，即

$$I = aC^b \qquad (4\text{-}2)$$

式中　　a——常数；

b —— 自吸系数；

C —— 被测元素浓度。

b 值随被测元素浓度增加而减小，当元素浓度很小时无自吸，则 $b=1$。式（4-2）是 AES 定量分析的基本关系式，由赛伯（G. Schiebe）和罗马金（B. A. Lomakin）提出，称为赛伯-罗马金（Schiebe-Lomakin）公式。

原子发射光谱定性分析的基本原理是根据不同元素的原子结构不同，其发射谱线的波长也不同，即每一种元素的原子都有它自己的特征光谱线，可根据检测元素的特征光谱线是否出现鉴别某种元素。原子发射光谱定量分析是在一定条件下，这些特征光谱线的强度与试样中该元素的含量有关，通过测量元素特征光谱线的强度，可以测定元素的含量。

原子发射光谱主要分为激发光源、分光系统及检测系统三部分。激发光源使试样蒸发、解离、原子化、激发。原子发射光谱分析的进展，在很大程度上依赖于激发光源的改进。经典的激发光源包括直流电弧、交流电弧、高压火花等。1962 年，英国 Greenfield 和美国化学家 Fassel 等分别独立开展了对电感耦合等离子体（Inductively Coupled Plasma，ICP）激发源的研究，并在 1964 年底和 1965 年初发表了论文，明确指出其作为光谱分析激发源具有的潜在优势，开创了 ICP 光谱分析的新时期。1974 年，Fassel 设计了 ICP 矩管的优化版本，被各大仪器公司沿用至今。多元素同时测定的需求促进了 ICP-OES 的蓬勃发展，而 20 世纪 90 年代高分辨光学系统的引入更是极大地推动了 ICP-OES 成为痕量元素分析的主流仪器并日益发展成熟。ICP 的优点包括：① 具有较高的蒸发、原子化和激发能力，检测灵敏度较高；② 可以快速地进行多元素同时分析；③ 稳定性好，线性范围宽，有良好的精密度和重现性；④ 基体效应小。但 ICP-OES 对非金属测定的灵敏度低，仪器昂贵，操作费用高。分光系统通常由光源、分光仪和检测器组成。试样经光源蒸发、激发后所辐射的电磁波通过色散系统分解成按波长顺序排列的光谱，由随后的检测系统记录或测量。根据光谱仪使用色散元件的不同分为棱镜光谱仪和光栅光谱仪，其中光栅光谱仪比棱镜光谱仪有更高的分辨率，且色散率基本与波长无关，已成为目前发展应用的主流。检测系统目前常用的为光电倍增管（Photomultiplier Tube，PMT）和固体检测器，如电荷耦合器件（Charge Coupled Device，CCD）等。

4.2　实验内容

实验 4-1　原子发射光谱法测定矿泉水中的微量金属元素

一、实验目的

（1）了解电感耦合等离子体原子发射光谱分析仪的基本结构及工作特点、激发光源的工作原理。

（2）掌握电感耦合等离子体原子发射光谱分析仪对样品的要求。

（3）掌握电感耦合等离子体原子发射光谱分析仪的基本操作及软件的基本功能。

（4）掌握电感耦合等离子体发射光谱分析法的定量方法。

二、实验原理

原子发射光谱法是利用物质吸收激发光源的能量发射出特征谱线，并根据特征光谱的波长和强度来测定物质中元素组成和含量的分析方法。激发光源提供的能量使样品蒸发、形成气态原子、并进一步使气态原子激发至高能态。处于激发态（高能态）的原子十分不稳定，在很短时间内回到基态（低能态）。当从原子激发态过渡到低能态或基态时产生特征发射光谱即为原子发射光谱。原子发射光谱中常用的光源有火焰、电弧、等离子炬等。由于原子发射光谱与光源连续光谱混合在一起，且原子发射光谱本身也十分丰富，必须将光源发出的复合光经单色器分解成按波长顺序排列的谱线，形成可被检测器检测的光谱，仪器用检测器检测光谱中谱线的波长和强度。

电感耦合等离子体的工作原理为：当有高频（27.1 MHz）电流通过 ICP 装置中线圈时，产生轴向磁场，这时若用高频点火装置产生火花，形成的载流子（离子与电子）在电磁场作用下，与原子碰撞并使之电离，形成更多的载流子，当载流子多到足以使气体（如氩气）有足够的导电率时，在垂直于磁场方向的截面上就会感生出流经闭合圆形路径的涡流，强大的电流产生高热又将气体加热，瞬间使气体形成最高温度可达 10 000 K 的稳定的等离子体炬。样品气溶胶直接进入 ICP 源，由于温度较高，样品分子几乎完全解离，从而大大降低了化学干扰。此外，等离子体的高温使得原子发射更为有效，使得灵敏度大大提升。

三、实验方法

1. 实验条件

（1）仪器

ICPE-9000 型电感耦合等离子体发射光谱仪（日本岛津公司），高纯氩气，容量瓶，移液管。

（2）试剂

市售矿泉水，硝酸（优级纯），标准溶液（铝、钙、铜、铁、锌，浓度为 1000 mg/L），去离子水。

① 2%硝酸溶液：移取 2 mL 浓硝酸，用去离子水定容至 100 mL。

② 混合标准溶液的配制：分别取铝、钙、铜、铁、锌标准溶液 5.00 mL 于 50 mL 容量瓶中，加入 1 mL 浓硝酸，用去离子水稀释至刻度，得到浓度为 100 mg/L 的混合标准溶液。

③ 系列标准溶液的配制：分别移取 100 mg/L 的混合标准溶液 0.50、1.00、2.00、5.00、10.00 mL 于 100 mL 容量瓶中，加入 2 mL 浓硝酸，用去离子水稀释至刻度，得

到浓度为 0.50、1.00、2.00、5.00、10.00 mg/L 的混合标准溶液。

④ 未知样品的配制：移取矿泉水试样一定体积于 100 mL 容量瓶中，加入 2 mL 浓硝酸，用去离子水稀释至刻度。

2. 实验步骤

（1）开机：打开通风设备；打开氩气钢瓶总阀门，检查分压阀，使压力为(450±10) kPa；打开 CCD 检测器用冷却水装置（设定温度 10 ℃）；开启主机、计算机；安装好进样管路和排废液管路，检查排废液管路和废液桶连接正常。

（2）双击 ICPE-9000 软件图标，出现主菜单，点击主菜单中的"分析"，出现 ICPE-9000 的基本菜单。在仪器监控画面（右侧）显示各部件的状态，检查参数是否正常。

（3）点火：点击助手栏的"点火"，点击等离子体点火界面的"开始"，当出现"等离子体点火完成"，透过等离子体部件的窗口目视确认等离子体炬的状态。

（4）点击"方法"，选择"测定条件"，设定溶剂和样品清洗时间等参数。

（5）从菜单栏点击"方法"，选择"登记分析元素和波长"，分析类型选择"定量"，选择元素和波长。选择"登记校正样品"，选择"标准曲线样品"，添加标准曲线的信息。

（6）在助手栏点击"登记样品"，设定测试序列。

（7）系列标准溶液的测定：将进样管依次放入浓度从低到高的装有系列标准溶液的容量瓶中，测量并记录谱线强度，绘制标准曲线。

（8）测试样品：将进样管插入试样溶液中，在回归方程中查看未知样品浓度。

（9）关机：测定完毕后，用纯水进样数分钟以清洁进样管路，然后点击助手栏的"熄火"。切断电源，关氩气瓶阀门，关排气装置开关，关 CCD 冷却水装置。

四、数据处理

（1）记录实验条件，包括光谱仪型号、载气、冷却气等参数。

（2）将标准数据和样品实验测得数据进行列表，计算含量，并进行结果分析。

五、思考题

（1）简述 ICP 光源的优缺点。

（2）本实验中元素的谱线强度会受到哪些因素的影响？

（3）为什么电感耦合等离子体原子发射光谱分析法能同时分析水中的多种元素成分？

实验 4-2 原子发射光谱法测定人发中微量铜、铅、锌、铁

一、实验目的

（1）掌握电感耦合等离子体光谱仪光谱定量过程。

（2）熟悉 ICP 光源的原理及多元素同时测定的方法。

（3）了解生化样品的处理方法。

二、实验原理

电感耦合等离子体（ICP）是原子发射光谱的重要高效光源。在 ICP-OES 中，试液被雾化后形成气溶胶，由氩气为载气携带进入等离子体炬，在等离子体炬的高温下，溶质的气溶胶经历多种物理化学过程而被迅速原子化，成为原子蒸气，进而被激发，发射出元素特征光谱，经分光后进入光谱仪被记录，实现对待测元素的定量分析。具有分析速度快，灵敏度高，稳定性好，线性范围宽，基体干扰小，可多元素同时分析等优点。

微量元素与人体健康有密切的关系，体内微量元素的含量不仅能够反映人体的健康状况，而且可以衡量不同环境对机体的污染及危害程度。并且，用头发作样品测定人体微量元素的含量具有取样容易、保存方便等特点。人发微量元素谱最早是在法医鉴定中应用，近年来在诊断疾病、研究地方病及环境污染等领域的应用也日益广泛。

三、实验方法

1. 实验条件

（1）仪器

ICPE-9000 型电感耦合等离子体发射光谱仪（日本岛津公司），高纯氩气，容量瓶，移液管。

（2）试剂

氩气，铜、铅、锌、铁标准溶液（1000 mg/L），硝酸、高氯酸、盐酸均为优级纯，去离子水。

① 2%硝酸溶液：移取 2 mL 浓硝酸，用去离子水定容至 100 mL。

② 混合标准溶液的配制：分别取铜、铅、锌、铁标准溶液 1.00 mL 于 10 mL 容量瓶中，加入 0.2 mL 浓硝酸，用去离子水稀释至刻度，得到浓度为 100 mg/L 的混合标准溶液。

③ 系列标准溶液的配制：分别移取 100 mg/L 的混合标准溶液 0、0.20、0.50、1.00、2.00 mL 于 10 mL 容量瓶中，加入 0.2 mL 浓硝酸，用去离子水稀释至刻度，得到浓度为 0、2.00、5.00、10.00、20.00 mg/L 的混合标准溶液。

④ 试样溶液的制备：用不锈钢剪刀从后颈部剪取头发试样约1g，将其剪成长约1cm的发段，洗净，烘干。称取试样约 0.2 g 于 50 mL 烧杯内，加硝酸 5 mL、高氯酸 1 mL消解至溶液澄清后，继续加热近干，冷却后加去离子水转移至 25 mL 容量瓶中，用去离子水稀释至刻度，摇匀待测。

2. 实验步骤

（1）开机：打开通风设备、氩气[分压为(450±10) kPa]；开启主机、计算机；安装好进样管路和排废液管路，检查排废液管路和废液桶连接正常。

（2）双击 ICPE-9000 软件图标，出现主菜单，点击主菜单中的"分析"，出现 ICPE-9000 的基本菜单。在仪器监控画面（右侧）显示各部件的状态，检查参数是否正常。仪器参考的主要参数为高频功率 1150 W，冷却气流量 15 L/min，辅助气流量 0.5 L/min，载气压力 24 psi，蠕动泵转速 100 r/min，溶液提升量 1.85 mL/min。

（3）点火：点击助手栏的"点火"，点击等离子体点火界面的"开始"，当出现"等离子体点火完成"，透过等离子体部件的窗口目视确认等离子体炬的状态。

（4）点击"方法"，选择"测定条件"，设定溶剂和样品清洗时间等参数。

（5）从菜单栏点击"方法"，选择"登记分析元素和波长"，分析类型选择"定量"，选择元素和波长。选择"登记校正样品"，选择"标准曲线样品"，添加标准曲线的信息。分析线通常选择 Cu 324.754 nm，Pb 217.000 nm，Zn 213.857 nm，Fe 259.940 nm。

（6）在助手栏点击"登记样品"，设定测试序列。

（7）系列标准溶液的测定：将进样管依次放入浓度从低到高的装有系列标准溶液的容量瓶中，测量并记录谱线强度，绘制标准曲线。

（8）测试样品：将进样管插入试样溶液中，在回归方程中查看未知样品浓度。

（9）关机：测定完毕后，用纯水进样数分钟以清洁进样管路，然后点击助手栏的"熄火"。关氩气，关排气装置开关，关 CCD 冷却水装置。

四、数据处理

（1）记录实验条件，包括光谱仪型号、载气、冷却气等主要参数。

（2）将标准数据和样品实验测得数据进行列表，计算含量，并进行结果分析。

五、思考题

（1）简述人发样品湿法消解过程。

（2）ICP-OES 分析方法有哪些优点？

4.3 仪器部分

电感耦合等离子体原子发射光谱仪由进样系统、激发光源、分光系统、检测器、信号显示系统组成，如图 4-1 所示。

进样系统由蠕动泵、雾化器、雾化室和炬管组成。进入雾化器的液体流，由蠕动泵控制。泵的主要作用是为雾化器提供恒定样品流，并将雾化室中的多余废液排出。雾化器将液态样品转化成细雾状喷入雾化室，较大雾滴被滤出，细雾状样品到达等离子体炬。等离子体焰明显地分为三个区域：① 焰心区，是高频电流形成的涡流区，等离子体主要通过这一区域与高频感应线圈耦合而获得能量，该区温度高达 10 000 K。

② 内焰区，位于焰心区上方，温度为 6000 ~ 8000 K，是分析物原子化、激发、电离与辐射的主要区域。③ 尾焰区，在内焰区上方，温度较低，温度在 6000 K 以下，只能激发低能级的谱线。分光系统一般采用中阶梯光栅和棱镜二维分光。检测器中目前较成熟的主要是光电倍增管和固体检测器，固体检测器有电荷注入器件（Charge-Injection Detector，CID）和电荷耦合器件（Charge-Coupled Detector，CCD）等。

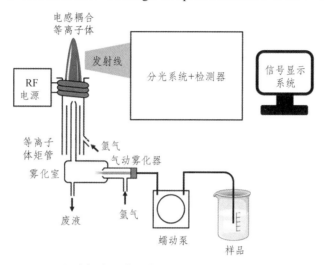

图 4-1　电感耦合等离子体原子发射光谱仪的基本组成

5 原子吸收分光光度法

5.1 原子吸收分光光度法原理及应用

原子吸收光谱法（Atomic Absorption Spectrometry，AAS）是基于被测元素基态原子在蒸气状态对其原子共振辐射（特征谱线）的吸收进行元素定量分析的方法。在锐线发射线的半宽度小于吸收线的半宽度（即锐线光源）的条件下，光源的发射线通过一定厚度的原子蒸气，并被基态原子所吸收，吸光度与原子蒸气中待测元素的基态原子间的关系遵循朗伯-比尔定律（Lambert-Beer Law）：

$$A = -\lg \frac{I}{I_0} = kN_0L \tag{5-1}$$

式中 A——吸光度；

       I——透射光强度；

       I_0——发射光强度；

       k——吸收系数；

       L——光通过原子化器光程（长度），每台仪器的 L 值是固定的；

       N_0——待测元素的基态原子数，由于在实验条件下基态原子数目占绝大多数，因此可以用基态原子数 N_0 代表吸收辐射的原子总数。

实际工作中，要求测定的是试样中待测元素的浓度 c，在确定的实验条件下，试样中待测元素浓度与原子总数有确定的关系，因此上述关系可表示为

$$A = K'c \tag{5-2}$$

式中，K' 在一定实验条件下为常数。因此，吸光度和浓度成正比，以此进行定量分析。

原子吸收光谱分析法具有灵敏度高、精密度好、选择性高等优点，广泛用于工业、农业、生化、医疗、地质、冶金、食品、环保等各个领域。例如，用于检测合成或者提取有机化合物时是否含有对人体有毒有害的微量重金属元素；用于人体组织和体液中的主量元素、必需的微量元素和非必需及有毒微量元素的分析等。

5.2 实验内容

实验 5-1 火焰原子吸收分光光度法测定合金中的铜含量

一、实验目的

（1）掌握原子吸收分光光度法的基本原理。

（2）掌握原子吸收分光光度计的基本结构和操作方法。

（3）了解和学习合金中元素含量的测定方法，掌握标准曲线法在实际样品分析中的应用。

二、实验原理

在火焰原子吸收的分析过程中，液体试样吸入雾化器形成细雾，随载气进入火焰，并在火焰中解离成基态原子。当空心阴极灯辐射出对应元素的特征波长光通过火焰时，因被火焰中元素的基态原子吸收而减弱。将测定的样品吸光度和标准溶液的吸光度进行比较，确定样品中元素的含量。火焰原子吸收法在常规分析中被广泛应用。但它雾化效率低；火焰气体的稀释使火焰中原子浓度降低，高速燃烧使基态原子在吸收区停留时间短，灵敏度受到限制；火焰至少需要 0.5 ~ 1 mL 试液，对体积较少的样品测定较为困难。

三、实验方法

1. 实验条件

（1）仪器

TAS-990 型原子吸收分光光度计（普析公司制造），乙炔钢瓶，AC-1Y 型无油气体压缩机，铜空心阴极灯，移液管，容量瓶。

（2）试剂

硝酸（优级纯），铜标准储备液（1000 mg/L）。实验用水为去离子水。

① 标准溶液的配制

吸取 5.00 mL 的铜标准储备液（1000 mg/L）于 100 mL 的容量瓶，加入 10 mL 硝酸，加入去离子水定容至标线，配制成 50 mg/L 的标准溶液。再重复此步骤，继续配制 5 mg/L 的标准溶液。

② 系列标准溶液的配制

分别取铜标准储备液（5 mg/L）0、0.10、0.20、0.40、0.60、1.00 mL 于 6 只 50 mL 容量瓶中，加入 5 mL 硝酸，用去离子水稀释至刻度，摇匀。配制成浓度为 0、0.01、0.02、0.04、0.06、0.10 mg/L 系列标准溶液。

2. 实验步骤

（1）试样的制备

准确称取 0.1000 g 合金屑于 250 mL 烧杯中，盖上表皿，加入 5 mL 水、5 mL 的硝酸，待剧烈反应后，缓慢加热至试样完全溶解，冷却。移入 50 mL 容量瓶中，用水稀释至刻度，混匀。随同试料做试剂空白。

（2）仪器操作

① 开机：依次打开抽风设备、稳压电源、计算机电源、TAS-990 火焰型原子吸收主机电源；双击 TAS-990 程序图标"AAwin"，选择"联机"，单击"确定"，进入仪器自检画面。等待仪器各项自检"确定"后进行测量操作。

② 选择元素灯及测量参数：选择"工作灯（W）"和"预热灯（R）"后单击"下一步"；设置元素测量参数；选择"设置波长"，单击寻峰，等待仪器寻找工作灯最大能量谱线的波长；进入完成设置画面，单击"完成"。

③ 设置参数：单击"参数"，选择"信号处理"，将计算方式设置为"连续"，积分时间"1"s，滤波系数"1"。设置测量样品和标准样品：单击"样品"，进入"样品设置向导"主要选择"浓度单位"；标准样品画面，根据所配制的标准样品设置标准样品的数目及浓度；输入辅助参数选项；单击"完成"，结束样品设置。

④ 点火：单击"仪器"中"燃烧器参数"，输入"燃气流量"为 1500 以上；调节"高度"和"位置"，使燃烧头上红色光斑位置对准调光板中心位置；检查废液管内是否有水；打开空压机，观察空压机压力是否达到 0.25 MPa；打开乙炔，调节分表压力为 0.05 MPa，用发泡剂检查各个连接处是否漏气；单击"点火"按键，观察火焰是否点燃（如果第一次没有点燃，等 5~10 s 再重新点火）；火焰点燃后，把进样吸管放入蒸馏水中吸喷 4~5 min，单击"能量"，选择"能量自动平衡"调整能量到 100%。

（3）测量

① 标准样品测量：把进样吸管放入空白溶液中，单击"校零"键，调整吸光度为零；单击"测量"键，进入测量画面（在屏幕右上角），从稀至浓逐个测量系列标准溶液。做完标准样品后，把进样吸管放入蒸馏水中，单击"终止"按键。把鼠标指向标准曲线图框内，单击右键，选择"详细信息"，查看相关系数 R 是否合格。如果合格，进入样品测量。

② 样品测量：把进样吸管放入试剂空白溶液，单击"校零"键，调整吸光度为零；单击"测量"键，进入测量画面（屏幕右上角），吸入样品，单击"开始"键测量，自动读数 3 次完成一个样品测量。

（4）结束测量

先关闭乙炔，再关闭空压机，按下放水阀，排除空压机内水分。

四、实验数据处理

在表 5-1 中记录系列标准溶液的吸光度，在 Excel 中以铜的浓度为横坐标，吸光度为纵坐标，绘制铜的标准曲线，计算回归方程、相关系数。再根据测定样品中铜的吸光度，结合标准曲线，计算出合金中铜的质量分数（单位：mg/g）。

表 5-1　标准曲线溶液浓度与吸光度

标准溶液加入体积/mL	0	0.10	0.20	0.40	0.60	1.00
标准溶液浓度/mg·L^{-1}	0	0.01	0.02	0.04	0.06	0.10
吸光度 A						

五、思考题

（1）试比较原子吸收和分子吸收光谱法。

（2）怎样才能使空心阴极灯处于最佳工作状态？如果不处于最佳工作状态，对分析工作有什么影响？

（3）火焰的高度和气体的比例对被测元素有什么影响，试举例说明。

（4）原子吸收分光光度计测定不同元素时，对光源有什么要求？

六、注意事项

在测量中一定要注意观察测量信号曲线，直到曲线平稳后再按测量键"开始"，自动读数 3 次完成后再把进样吸管放入蒸馏水中，冲洗几秒钟后再读下一个样品。

实验 5-2　石墨炉原子吸收分光光度法测定废水中的镉

一、实验目的

（1）进一步掌握原子吸收分光光度法的基本原理。

（2）了解石墨炉原子化器工作原理和使用方法。

（3）通过废水中镉的测定，掌握标准曲线法在实际样品中的应用。

二、实验原理

石墨炉原子吸收光谱法是一种无火焰原子化的原子吸收光谱法，利用高温石墨管，使试样完全蒸发、充分原子化，试样利用率几乎达 100%。自由原子在吸收区停留的时间长，故灵敏度比火焰法高 100～1000 倍。对于石墨炉原子吸收光谱法，固体或液体试样都可直接进样，固体进样量为十至十几微克，液体进样量为 5～100 μL。无火焰原子化历程，通常采用程序升温，一般包括干燥、灰化、原子化、净化。但该方法仪器较复杂，背景吸收干扰较大，精密度不如火焰原子化法，测定速度慢，操作不够简便。

三、实验方法

1. 实验条件

（1）仪器

TAS-990 型原子吸收分光光度计（普析公司制造），GFS97 石墨炉电源，镉空心阴极灯，氩气钢瓶，H90 型冷却循环水机，容量瓶，吸管，微量注射器。

（2）试剂

硝酸（优级纯），镉标准储备液（1000 mg/L）。实验用水为去离子水。

Cd 标准溶液的配制：准确移取镉标准储备液 1.00 mL 于 100 mL 容量瓶中，定容，配制成 10 mg/L 标准溶液。同样操作将 10 mg/L 标准溶液稀释成 100 μg/L 的标准溶液。

系列标准溶液的配制：由 100 μg/L 镉的标准溶液逐级稀释成浓度分别为 1、2、4、8、10 μg/L 的镉标准溶液。

2. 实验步骤

（1）试样的制备

准确移取 25.00 mL 的废水于 100 mL 的烧杯中，加 1 mL 硝酸于烧杯中，在电热板上加热至沸腾几分钟后，取下，冷却至室温。转移至 50 mL 容量瓶中，用去离子水稀释至刻度，摇匀；随同试样做试剂空白。

（2）仪器操作

① 开机：打开抽风设备、稳压电源、计算机电源、TAS-990 火焰型原子吸收主机电源；双击 TAS-990 程序图标"AAwin"，选择"联机"，单击"确定"，进入仪器自检画面。等待仪器各项自检"确定"后进行测量操作。

② 选择元素灯及测量参数：选择"工作灯（W）"和"预热灯（R）"；设置元素测量参数；进入"设置波长"步骤，单击寻峰，等待仪器寻找工作灯最大能量谱线的波长；完成设置画面。

③ 石墨炉参数设置：TAS-990 为火焰/石墨炉两种方式原子吸收光谱仪，因此可以切换不同的原子化器，单击"仪器"，在"测量方法"中选择"石墨炉"，单击"确定"后等待石墨炉切换到光路。单击"仪器"，选择"原子化器位置"，调节滚动条，单击"执行"观察能量是否达到最大；达到能量最大后单击"确定"。选择"能量"，选择"能量自动平衡"调整能量到 100%。单击"参数"，选择"信号处理"，选择"计算方式：峰高"，"积分时间 3.0"，"滤波系数：0.1"。选择"常规"可以根据实验需要选择重复测量的次数。参考石墨炉加热程序设置，如表 5-2 所示。

表 5-2　石墨炉加热程序设置（参考）

步骤	温度/℃	斜坡升温/℃·s⁻¹	停留时间/s	氩气流速/L·min⁻¹
干燥	100	0	30	0.22
灰化	300	150	20	0.22
原子化	900	0	3	关
清洗	2500	0	3	0.22

④ 设置测量样品和标准样品：单击"样品"，进入"样品设置向导"主要选择"浓度单位"；在标准样品界面中，根据所配制的标准样品设置标准样品的数目及浓度；设定辅助参数选项，结束样品设置。

（3）测量

① 先打开石墨炉电源，打开氩气，打开水源。测量前先点击"开始"，空烧一次。

② 标准样品测量：用微量进样器吸入 10 μL 各个标准样品，单击"测量"键，进入测量画面，单击"开始"键测量，完成一个标准样品测量。做完标准样品后，单击"终止"按键。把鼠标指向标准曲线图框内，单击右键，选择"详细信息"，查看相关系数 R 是否合格。如果合格，进入样品测量。

③ 样品测量：用微量进样器吸入 10 μL 样品；单击"测量"键，进入测量画面，单击"开始"键测量，完成一个样品测量。

（4）结束测量

完成测量，关闭氩气，水源，石墨炉电源。

四、实验数据处理

在表 5-3 中记录系列标准溶液的吸光度，在 Excel 中以镉的浓度为横坐标、吸光度为纵坐标，绘制镉的标准曲线，计算回归方程、相关系数。再根据测定样品中镉的吸光度，结合标准曲线，计算出废水中镉的浓度（单位：μg/L）。

表 5-3　标准曲线溶液浓度与吸光度

标准溶液浓度/$\mu g \cdot L^{-1}$	0	1	2	4	8	10
吸光度 A						

五、思考题

（1）在实验中通氩气和循环水的作用是什么？

（2）石墨炉原子吸收光谱法为何灵敏度高？

（3）简述火焰原子吸收光谱法和石墨炉原子吸收光谱法的区别。

5.3　仪器部分

原子吸收光谱仪由四部分组成：光源、原子化器、分光系统和检测系统。光源主要为提供待测元素的特征光谱，应满足以下三点要求：① 能发射待测元素的共振线；② 能发射锐线；③ 辐射光强度大，稳定性好。为了获得更高的灵敏度和准确度，应用最广泛的是空心阴极灯。空心阴极灯的工作原理为：当施加适当电压时，电子将从空心阴极内壁流向阳极。与充入的惰性气体碰撞而使之电离，产生正电荷，其在电场作用下，向阴极内壁猛烈轰击，使阴极表面的金属原子溅射出来。溅射出来的金属原子再与电子、惰性气体原子及离子发生碰撞而被激发，激发态原子返回基态时，发射出相应元素的共振线。用不同待测元素作阴极材料，可制成相应空心阴极灯。原子化器的作用是将试样中的待测元素转变成原子蒸气，可以分为火焰原子化法（Flame Atomization）和无火焰原子化法（Flameless Atomization）。

火焰原子吸收光谱仪如图 5-1 所示，火焰原子化器主要利用火焰将试样中元素转变成原子蒸气，常利用空气-乙炔火焰，最高温度约为 2300 ℃，能用于测定 35 种以上的元素。火焰原子吸收法具有分析时间较短、精密度良好、易于使用等优点；但其灵敏度较低，动态范围较窄，需要使用可燃气体，限制了其进一步发展。

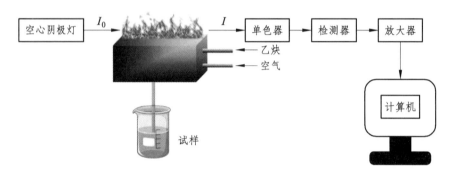

图 5-1　火焰原子吸收光谱仪仪器结构示意图

无火焰原子化法主要采用电热高温石墨炉原子化器，最高温度可达 3000 ℃，原子化效率更高。石墨炉原子吸收光谱仪如图 5-2 所示。石墨炉原子化器由石墨炉管、炉体、电源和外层冷却装置构成。在石墨管中央开一个进样口，进样口的左右各有一个小口，作为保护石墨管的氩气出入口。炉管长约 50 mm，内径为 3~5 mm。炉管的两侧为石英玻璃窗，共振发射线由炉管的中央通过。炉管温度可达 3000 ℃，在炉管的两端有冷却水装置。石墨炉原子吸收光谱仪具有较高的原子化效率、灵敏度和更低的检出限。

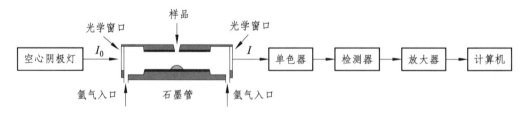

图 5-2　石墨炉原子吸收光谱仪仪器结构示意图

其他无火焰原子化法还包括氢化物原子化法和冷蒸气原子化法。分光系统主要包括入射狭缝、单色器和出射狭缝。检测器主要由检测器、放大器、对数变换器、显示记录装置组成。

6

原子荧光分光光度法

6.1 原子荧光分光光度法原理及应用

原子荧光光谱仪（Atomic Fluorescence Spectrometer，AFS）又称为原子荧光分光光度计，其基本原理是：待测物质在原子化器中变为基态原子蒸气，基态原子蒸气吸收光源的特征辐射后激发到高能态，然后在去激发的过程中发射出与原激发波长相同或不同的原子荧光，最后根据荧光强度来确定待测元素含量。原子荧光光谱法具有灵敏度高、选择性高、结构简单等优势，是一种较好的痕量元素分析方法。

氢化物发生-原子荧光光谱法（Hydride Generation Atomic Fluorescence Spectrometer，HG-AFS）是利用某些能产生初生态氢的还原剂或通过化学反应，将样品溶液中的待测元素组分还原为挥发性共价氢化物，然后借助载气流将其导入原子荧光光谱分析系统进行测量。氢化物发生进样法使分析元素能够与可能引起干扰的样品基体分离，消除了基体干扰。与溶液直接喷雾进样相比，进样效率可达 100%，氢化物可以在氩-氢火焰中得到很好的原子化，所以对于砷、锑、铋、锗、锡、铅、硒和碲等易形成气态氢化物的元素以及汞（形成原子）具有较高的灵敏度和较低的检出限。氢化物发生-原子荧光光谱仪是我国具有自主知识产权的大型精密分析仪器，由西北地质研究所郭小伟先生研制。它的优势在于以气态氢化物进样，易于和大量基体分离，进样效率高、灵敏度高，在地质、冶金、食品、环境、生物技术等各大领域都得到了广泛应用。

6.2 实验内容

实验 6-1　氢化物发生-原子荧光光谱法测定水中的铅含量

一、实验目的

（1）掌握原子荧光光谱法的基本原理、特点及应用。
（2）掌握原子荧光光谱仪的基本结构和操作方法。

二、实验原理

铅是常见的重金属污染物,广泛存在于大气、土壤、水和食物中,易通过消化道、呼吸道而被人体吸收。铅在人体内具有蓄积性,过量铅对人体有很大危害。目前常见的痕量铅测定方法有二硫腙比色法、原子吸收光谱法、ICP-OES 法等。氢化物发生-原子荧光光谱法被认为是测定铅的高灵敏度方法,并且简便、价格价廉,已被广泛应用于各类样品中铅的测定。

原子荧光分析利用物质的基态原子受到光激发后释放出具有特征波长的荧光,根据原子荧光的强度实现物质的定量分析。原子荧光定量分析的基本关系式为

$$I_{\mathrm{fv}} = \varphi I_{\mathrm{av}} k_{\mathrm{v}} L N_0 \tag{6-1}$$

式中 I_{fv}——发射原子荧光强度;

I_{av}——激发原子荧光(入射光)强度;

φ——原子荧光量子效率;

k_{v}——吸收系数;

N_0——单位长度内基态原子数;

L——吸收光程。

原子荧光光谱分析仪适用于低含量的测定。测定的灵敏度与峰值吸收系数 k_{v}、吸收光程长度 L、量子效率 φ 和入射光强度 I_{av} 有关。当仪器条件和测定条件固定时,待测样品浓度与 N_0 成正比。如各种参数都是恒定的,则原子荧光强度仅仅与待测样品中某元素的原子浓度呈线性关系:

$$I_{\mathrm{fv}} = ac \tag{6-2}$$

式中,a 在固定条件下是一个常数。

三、实验方法

1. 实验条件

(1)仪器

AFS-3100 型原子荧光光谱仪(北京海光仪器公司),铅空心阴极灯,高纯氩气钢瓶(99.99%),容量瓶,移液管。

(2)试剂

铅标准储备溶液(1000 mg/L)(硝酸介质),盐酸(优级纯),硼氢化钾(分析纯),氢氧化钾(分析纯),铁氰化钾(分析纯),草酸(分析纯)。所用水为去离子水。

① Pb 标准溶液(100 mg/L):量取 10.00 mL 铅标准储备溶液于 100 mL 容量瓶中,加水定容至刻度线。

② 还原剂[2% KBH₄ 溶液(0.5% KOH 介质)]:称取 2.5 g KOH 溶于 500 mL 去离子水中,再加入 10.0 g KBH₄,溶解后混匀。需现用现配。

③ 2%盐酸:将 1+1 盐酸 20 mL 稀释至 500 mL。

④ 铁氰化钾溶液（100 g/L）：称取铁氰化钾 10 g 溶解于 100 mL 去离子水中。

⑤ 草酸溶液（10 g/L）：称取草酸 1 g 溶解于 100 mL 去离子水中。

⑥ 标准系列溶液：标准曲线的制备：吸取 Pb 标准溶液于 25 mL 比色管中，配制成 0、2.50、5.00、10.00、15.00、20.00 mg/L 的 Pb 标准系列溶液，加入 1+1 盐酸 1 mL、10 g/L 草酸溶液 0.5 mL、100 g/L 铁氰化钾 1.0 mL，定容至 25 mL，30 min 后测定荧光强度。

2．实验步骤

（1）水样的采集

于 25 mL 容量瓶中加入 25.00 mL 水样，加入 1+1 盐酸 1 mL、10 g/L 草酸溶液 0.5 mL、100 g/L 铁氰化钾 1.0 mL，定容至刻度线，然后用去离子水定容并摇匀。

（2）仪器操作

① 在断电状态下，安装铅元素灯。

② 打开主机和断续流动系统的电源开关，开氩气（分压设为 0.2~0.3 MPa），然后打开计算机，单击 AF3100-双道原子荧光光度计，进入 AFS-3100 软件操作系统。

③ 计算机与主机进行联机通信，联机正常时，软件自动进入元素灯识别画面。

④ 在文件菜单中选择气路自检选项，用鼠标单击全部检测按钮。

⑤ 调节灯高，使元素灯聚焦于一面，调节炉高到所测元素的最佳高度。

⑥ 进入联机工作状态后，在文件菜单中选择"生成新数据库"选项，在"文件名"栏中输入新数据库名字，单击"保存"。

⑦ 设置条件：单击"条件设置"按钮，对仪器条件、测量条件、断续流动程序、标准样品参数等相关参数进行设置。参考原子荧光光谱仪实验参数如表 6-1 所示。

表 6-1　原子荧光光谱仪实验参数

仪器参数	数值
灯电流/mA	/0
负高压/V	−280
原子化器高度/mm	9
载气流量/mL·min⁻¹	500
屏蔽气流量/mL·min⁻¹	1000
读数时间/s	10
延迟时间/s	1
测量方法读数方式	峰面积（Peak Area）

（3）测量

打开操作软件的操作界面，设定操作参数，点击"点火"按钮，压紧泵管压块，设置断续进样程序，如表 6-2 所示。在采样步骤将其中一路泵管放入酸性样品中，注入步骤将此泵管放入 2%盐酸中。标准空白溶液测量完成后，进行标准系列溶液（浓度从低到高）的测量，得到标准曲线后，测定未知样品，记录样品的信号强度。

（4）结束

测量完毕，将进样管与还原剂管插入高纯水中进行系统清洗，等待清洗完毕，排空泵管。松开泵管压块，在软件界面中的"仪器条件"下按"熄火"按钮，退出界面，关闭仪器、气瓶、电源。

表 6-2 原子荧光光谱仪断续流动程序

步骤	时间/s	泵速/r·min⁻¹
采样	8	100
停	2	0
注入	16	120
停	2	0

四、实验数据处理

以铅浓度为横坐标、荧光强度为纵坐标，绘制标准工作曲线，并求出待测水样中铅的含量。

五、思考题

（1）每次实验时，氢化物发生器中各种溶液总体积是否要严格相同？为什么？
（2）本实验的主要干扰是什么？如何克服其干扰？

六、注意事项

（1）铅的有效氢化物发生价态为四价，因此需要加入铁氰化钾溶液将铅氧化到四价，提高反应效率。
（2）含有铁氰化钾的溶液在反应过程中容易产生靛蓝色的沉淀，因此当测定完毕后应及时清洗泵管。

实验 6-2 氢化物发生-原子荧光光谱法测定样品中的砷、锑含量

一、实验目的

（1）学习 AFS-3100 型原子荧光光谱仪的使用方法。
（2）掌握原子荧光光谱法的基本原理及测定砷、锑的定量分析方法。
（3）掌握分析方法学的建立，学会处理和分析数据。

二、实验原理

本实验中，氢化物发生-原子荧光光谱法测定样品中的砷和锑，是先通过硫脲-抗坏血酸将水样中的砷和锑全部还原成砷（Ⅲ）和锑（Ⅲ），碱性硼氢化钾与砷（Ⅲ）和锑（Ⅲ）发生氧化还原反应，分别生成砷化氢、锑化氢以及氢气。利用惰性气体氩气作载气，将气态氢化物砷化氢、锑化氢和过量氢气与载气氩气混合后，导入加热的原子化装置。氢气和氩气在特制火焰装置中燃烧加热，砷化氢、锑化氢受热迅速分解，离解为基态砷、锑原子蒸气。砷、锑元素的激发光源（一般为空心阴极灯）发射的特征谱线通过聚焦，激发氩氢火焰中的砷、锑原子蒸气，原子能量升高，从基态跃迁到激发态，当从激发态回复到基态时，以原子荧光辐射的形式释放能量，产生荧光。产生的原子荧光信号被日盲光电倍增管接收，然后经电路放大、解调，计算机数据处理得到测量结果。在稀溶液（约 μg/L 数量级）中，砷、锑原子荧光强度与砷、锑元素浓度遵循朗伯-比尔定律，由此可进行定量测定待测元素含量。

三、实验方法

1. 实验条件

（1）仪器

AFS-3100 型原子荧光光谱仪（北京海光仪器公司），砷、锑空心阴极灯，高纯氩气钢瓶（99.99%），容量瓶，移液管。

（2）试剂

As 标准储备溶液（1000 mg/L）（硝酸介质），Sb 标准储备溶液（1000 mg/L）（硝酸介质），盐酸（优级纯），硼氢化钾（分析纯），氢氧化钾（分析纯），硫脲（分析纯），抗坏血酸（分析纯）。所用水为去离子水。

① 还原剂[2% KBH_4 溶液（0.2% KOH 介质）]：称取 1.0 g KOH 溶于 500 mL 去离子水中，再加入 10.0 g KBH_4，溶解后混匀。需现用现配。

② 5%盐酸：量取 50 mL 浓盐酸，用去离子水定容至 1000 mL。

③ 硫脲-抗坏血酸溶液：称取硫脲和抗坏血酸各 10 g 溶解于 100 mL 去离子水中。现用现配。

④ 砷、锑标准储备溶液：将 As、Sb 标准溶液（1000 mg/L）逐级稀释到浓度为 100 μg/L。

⑤ 标准系列溶液：在 6 支 100 mL 容量瓶中分别取 0、2.00、4.00、6.00、8.00、10.00 mL 砷、锑标准储备溶液（100 μg/L），5 mL 浓盐酸，10 mL 硫脲-抗坏血酸溶液，以去离子水稀释至刻度，摇匀。溶液浓度分别为 0、2.00、4.00、6.00、8.00、10.00 μg/L。

2. 实验步骤

（1）水样的采集

于 50 mL 容量瓶中加入 25.00 mL 自来水样，再依次加入 2.5 mL 浓盐酸和 5 mL 硫脲-抗坏血酸溶液，然后用去离子水定容并摇匀。

（2）仪器操作

①在断电状态下，安装砷、锑元素灯。

②打开主机和断续流动系统的电源开关，开氩气（分压设为 0.2~0.3 MPa），然后打开计算机，单击 AF3100-双道原子荧光光度计，进入 AFS-3100 软件操作系统。

③计算机与主机进行联机通信，联机正常时，软件自动进入元素灯识别画面。

④在文件菜单中选择"气路自检"选项，用鼠标单击全部检测按钮。

⑤调节灯高，使元素灯聚焦于一面，调节炉高到所测元素的最佳高度。

⑥进入联机工作状态后，在文件菜单中选择"生成新数据库"选项，在"文件名"栏中输入新数据库名字，单击"保存"。

⑦设置条件：用鼠标单击"条件设置"按钮，对仪器条件、测量条件、断续流动程序、A 道标准样品参数、B 道标准样品参数等相关参数进行设置。参考原子荧光光谱仪实验参数如表 6-3 所示。

表 6-3　原子荧光光谱仪实验参数

仪器参数	数值
灯电流/mA	60
辅助电流/mA	30
负高压/V	-270
原子化器高度/mm	8
载气流量/mL·min^{-1}	400
屏蔽气流量/mL·min^{-1}	800
进样体积/mL	0.5
测量方法读数方式	峰面积（Peak Area）

（3）测量

打开操作软件的操作界面，设定操作参数，点击"点火"按钮，压紧泵管压块，开始测定。标准空白溶液测量完成后，进行标准系列溶液（浓度从低到高）的测量，得到标准曲线后，测定未知样品。

（4）结束

测量完毕，将进样管与还原剂管插入高纯水中进行系统清洗，等待清洗完毕，用同样的方法用空气将系统中的水排出。松开泵管压块，在软件界面中的"仪器条件"下按"熄火"按钮，退出界面，关闭主机，关闭气瓶，关闭电源。

四、实验数据处理

分别以砷、锑浓度为横坐标，荧光强度为纵坐标，绘制标准工作曲线，计算回归方程、相关系数。并计算未知样品中砷、锑的浓度。

五、思考题

（1）在测定砷和锑的含量时，为什么加硫脲-抗坏血酸溶液？

（2）若试样中同时含有三价砷和五价砷，怎样才能分别测出它们各自的含量？

（3）原子吸收分光光度计和原子荧光分光光度计在构造上有何异同点？

6.3　仪器部分

原子荧光光谱仪的结构主要包括激发光源、原子化器、分光系统以及检测系统四个部分。

激发光源和原子吸收类似，目前原子荧光主要使用锐线光源作为激发光源，其中又以空心阴极灯的使用最为广泛。空心阴极灯根据不同的待测元素作阴极材料制作而成，其辐射强度与灯的工作电流有关，辐射光的强度大，稳定，谱线窄。原子化器是将被测元素转化为原子蒸气的装置。可分为火焰原子化器和电热原子化器。目前使用的大多是氩氢火焰原子化器。原子荧光光谱仪分为非色散型原子荧光光谱仪与色散型原子荧光光谱仪，其差别在于单色器部分，非色散型仪器不使用单色器。检测系统中色散型仪器采用光电倍增管，非色散型仪器常用的是日盲光电倍增管，再经由检测电路将电流转换为数字信号。检测器与激发光束成直角配置，以避免激发光源对检测原子荧光信号的影响。氢化物发生-原子荧光光度计（日盲型）如图 6-1 所示。

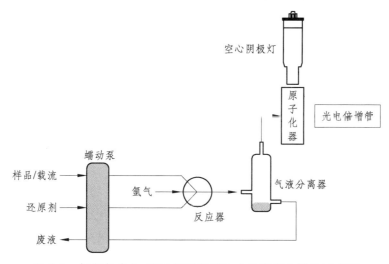

图 6-1　氢化物发生-原子荧光光度计（日盲型）结构示意图

7 紫外-可见分光光度法

7.1 紫外-可见分光光度法原理

紫外-可见吸收光谱法（UV-vis）是根据溶液中物质的分子或离子对紫外和可见光谱区辐射能的吸收来研究物质的组成和结构的方法。

紫外光是波长 10 ~ 380 nm 的电磁辐射，它可分为远紫外光（10 ~ 200 nm）和近紫外光（200 ~ 380 nm）。远紫外光能被大气吸收，不易利用。所以，这里讨论的紫外光，仅指近紫外光。可见光区则是指其电磁辐射能被人的眼睛所感觉到的区域，即波长为 400 ~ 780 nm 的光谱区。紫外-可见吸收光谱法通常是指研究 200 ~ 780 nm 光谱区域内物质对光辐射吸收的一种方法。紫外吸收光谱法和可见吸收光谱法在基本原理和仪器构造方面基本相似，由于工作波段的不同导致所用仪器部件和分析对象的差异。紫外吸收光谱法不仅可用于无机化合物的分析，更重要的是许多有机化合物在紫外区具有特征的吸收光谱，从而可以用来进行有机物的鉴定及结构分析。

紫外-可见吸收光谱法是一类历史悠久、应用十分广泛的分析方法，具有灵敏度高、选择性好、通用性强、设备和操作简单、价格低廉、分析速度快、准确度较好等优点。

7.1.1 吸收光谱的产生

紫外-可见吸收光谱属于分子吸收光谱，是由分子的外层价电子跃迁产生的，也称电子光谱。它与原子光谱的窄吸收带不同。每种电子能级的跃迁会伴随若干振动和转动能级的跃迁，使分子光谱呈现出比原子光谱复杂得多的宽带吸收。

当分子吸收紫外-可见区的辐射后，产生价电子跃迁。这种跃迁有三种形式：

（1）形成单键的 σ 电子跃迁。

（2）形成双键的 π 电子跃迁。

（3）未成键的 n 电子跃迁。

分子内的电子能级如图 7-1 所示。由图 7-1 可见，电子跃迁有 $n \rightarrow \pi^*$、$n \rightarrow \sigma^*$、$\sigma \rightarrow \sigma^*$ 和 $\pi \rightarrow \pi^*$ 四类。各种跃迁所需能量是不同的，其大小顺序为

$$\sigma \rightarrow \sigma^* > n \rightarrow \sigma^* \geqslant \pi \rightarrow \pi^* > n \rightarrow \pi^*$$

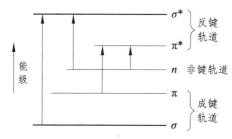

图 7-1　电子跃迁能级示意图

通常，未成键的孤对电子较易激发，成键电子中 π 电子较相应的 σ 电子具有较高的能量，反键 σ 电子则相反。故简单分子中 n→π* 跃迁需能量最小，吸收带出现在长波方向；n→σ* 及 π→π* 跃迁的吸收带出现在较短波段；σ→σ* 跃迁吸收带则出现在远紫外区。

7.1.2　紫外吸收光谱与分子结构的关系

有机化合物的紫外吸收光谱常被用作结构分析的依据，因为有机化合物的紫外吸收光谱的产生与它的结构是密切相关的。

1. 饱和有机化合物

甲烷、乙烷等饱和有机化合物只有 σ 电子，只产生 σ→σ* 跃迁，吸收带在远紫外区。当这类化合物的氢原子被电负性大的 O、N、S、X 等取代后，由于孤对 n 电子比 σ 电子易激发，使吸收带向长波移动，故含有—OH、—NH₂、—NR₂、—OR、—SR、—Cl、—Br 等基团时，有红移现象。

2. 不饱和脂肪族有机化合物

此类化合物中含有 π 电子，产生 π→π* 跃迁，在 175 ~ 200 nm 处有吸收。若存在—NR₂、—OR、—SR、—Cl、—CH₃ 等基团，也产生红移并使吸收强度增大。对含共轭双键的化合物、多烯共轭化合物，由于大 π 键的形成，吸收带红移更甚。

3. 芳香化合物

苯环有 π→π* 跃迁及振动跃迁，其特征吸收带在 λ_{250nm} 附近有 4 个强吸收峰。当有取代基时，λ_{max} 产生红移。此外芳环还有 180 nm 和 200 nm 处的 E 带吸收。

4. 不饱和杂环化合物

不饱和杂环化合物也有紫外吸收。

5. 溶剂的影响

n→π* 跃迁吸收带随溶剂极性加大向短波移动，而 π→π* 跃迁随溶剂极性加大向长波移动。

6. 无机化合物

无机化合物除利用本身颜色或紫外区有吸收的特性外，为提高灵敏度，常采用三元配合的方法，金属离子配位数高，配体体积小，加上另一多齿配体可得到灵敏度增高、吸收值红移的效果。

利用紫外-可见吸收光谱对物质进行定性和定量分析的方法就是紫外-可见分光光度法。它不但可对能直接吸收紫外，可见光的物质进行定性、定量分析，同时也可利用化学反应使那些不吸收紫外或可见光的物质转化成可吸收紫外、可见光的物质进行测定。所以此方法应用面十分广泛。

7.1.3　光的吸收定律

物质对光的吸收遵循朗伯-比尔定律，即当一定波长的光通过某溶液时，入射光强度 I_0 与透射光 I 之比的对数与该物质的浓度及液层厚度成正比。其数学表达式为

$$A=\lg \frac{I_0}{I}=\varepsilon bc$$

式中　　A ——吸光度；

b ——液层厚度，cm；

c ——被测物质浓度，mol/L；

ε ——摩尔吸光系数，L/(mol·cm)。

摩尔吸光系数 ε 在特定波长和溶剂条件下，是吸收分子（或离子）的一个特征常数。

在化合物成分不明的情况下，分子量无从知道，因而，摩尔浓度也无法确定，此时无法使用 ε。一般常采用 $a_{1\,cm}^{1\%}$（称比吸光系数），意思是某物质的 1% 溶液于 1 cm 比色皿中的吸光度，1% 指 1 g/100 mL。

朗伯-比尔定律是紫外-可见分光光度定量分析的依据。当比色皿及入射光强度一定时，吸光度正比于被测物浓度。

7.2　实验内容

实验 7-1　紫外分光光度法同时测定维生素 C 和维生素 E

一、实验目的

（1）了解分光光度计的构造，掌握分光光度计的正确使用方法。

（2）学会吸收曲线的绘制和样品的测定原理。

（3）学习在紫外光谱区同时测定双组分体系维生素 C 和维生素 E。

二、实验原理

朗伯-比尔定律表达式 $A=\lg \dfrac{I_0}{I}=\varepsilon bc$ 中，摩尔吸光系数 ε 在数值上等于单位摩尔浓度在单位光程中所测得的溶液的吸光度。它是物质吸光能力的量度，可作为定性分析

的参数。

维生素 C（抗坏血酸）和维生素 E（α-生育酚）有抗氧化作用，即它们在一定时间内能防止油脂变酸。两者结合在一起比单独使用的效果更佳，因为它们在抗氧化性能方面是"协同的"。因此它们作为一种有用的组合试剂用于各种食品中。

抗坏血酸是水溶性的，α-生育酚是脂溶性的，但它们都能溶于无水乙醇，因此，能用在同一溶液中测定双组分的原理来测定它们。

三、实验方法

1. 仪器与试剂

（1）仪器

UV-1801 型紫外-可见分光光度计（北京北分瑞利），石英比色皿 2 只，50 mL 容量瓶 9 只，10 mL 移液管 2 支。

（2）试剂

① 抗坏血酸：称 0.0132 g 抗坏血酸，溶于无水乙醇中，并用无水乙醇定容于 1000 mL 容量瓶中。

② α-生育酚：称 0.0488 g α-生育酚，溶于无水乙醇中，并用无水乙醇定容于 1000 mL 容量瓶中。

③ 无水乙醇。

2. 实验步骤

（1）配制标准溶液

① 分别取抗坏血酸储备液 4.00、6.00、8.00、10.00 mL 于 4 只 50 mL 容量瓶中，用无水乙醇稀释至刻度，摇匀。

② 分别取 α-生育酚储备液 4.00、6.00、8.00、10.00 mL 于 4 只 50 mL 容量瓶中，用无水乙醇稀释至刻度，摇匀。

（2）绘制吸收光谱

以无水乙醇为参比，在 320～220 nm 内测绘出抗坏血酸和 α-生育酚的吸收光谱，并确定 λ_1 和 λ_2。

（3）绘制标准曲线

以无水乙醇为参比，在波长 λ_1 和 λ_2，分别测定步骤（1）配制的 8 个标准溶液的吸光度。

（4）未知液的测定

取未知液 5.00 mL 于 50 mL 容量瓶中，用无水乙醇稀释至刻度，摇匀。在波长 λ_1 和 λ_2，分别测定其吸光度。

四、实验数据处理

（1）绘制抗坏血酸和 α-生育酚的吸收光谱，确定 λ_1 和 λ_2。

（2）分别绘制抗坏血酸和 α-生育酚在 λ_1 和 λ_2 时的 4 条标准曲线，求出 4 条标准曲线的斜率，即 $\varepsilon_{\lambda_1}^C$、$\varepsilon_{\lambda_2}^C$、$\varepsilon_{\lambda_1}^E$、$\varepsilon_{\lambda_2}^E$，计算未知液中抗坏血酸和 α-生育酚的浓度。

五、思考题

（1）简述紫外分光光度法的原理及其应用。

（2）写出抗坏血酸和 α-生育酚的结构式，并解释一个是"水溶性"，另一个是"脂溶性"的原因。

（3）使用本方法测定抗坏血酸和 α-生育酚是否灵敏？解释其原因。

六、注意事项

抗坏血酸会缓慢地氧化成脱氢抗坏血酸，所以必须每次实验时配制新鲜溶液。

实验 7-2　示差分光光度法测定磷的含量

一、实验目的

（1）掌握示差法测量原理。
（2）熟悉分光光度计的使用。

二、实验原理

吸光光度法一般仅适宜于微量组分的测定。当待测组分浓度过高或过低，可采用示差法。目前主要有高浓度示差法、稀溶液示差法、使用两个参比溶液的精密示差法，本实验采用高浓度示差法。

示差法不是以空白溶液作为参比溶液，而是采用比待测试液浓度稍低的标准溶液作为参比溶液，然后测量待测试液的吸光度，再由朗伯-比尔定律求出它的浓度，这样便可大大提高测定结果的准确度。

设参比溶液的浓度为 C_s，待测试液浓度为 C_x，则有

$$A_x = \varepsilon C_x b$$
$$A_s = \varepsilon C_s b$$
$$\Delta A = A_x - A_s = \varepsilon \cdot b \cdot (C_x - C_s) = \varepsilon \cdot b \cdot \Delta C$$

因此，由已知浓度的标准溶液作为参比，调节 100% 透光度，然后再测待测试液吸光度，以 ΔA 对 A 作图可得标准曲线，再由样品的 ΔA 从曲线上查出相应的 ΔC，则 $C_x = C_s + \Delta C$。

本实验用示差分光光度法测定试样中 P_2O_5 的含量。即在一定酸度下，磷酸与钼酸铵生成黄色配合物。该配合物在 490 mm 处有最大吸收。

$$H_3PO_4 + 12H_2MoO_4 \xrightarrow{HNO_3 + NH_4} H_3[P(Mo_3O_{10})_4] + 12H_2O$$

三、实验方法

1. 仪器与试剂

（1）仪器

V-1800PC 型可见分光光度计（上海美谱达），1 cm 石英比色皿，25 mL 大肚移液管，5、10 mL 移液管。

（2）试剂

① HNO$_3$：加热煮沸除去 NO$_2$。

② 显色剂：a. 钼酸铵溶液：40 g 钼酸铵溶于 500 mL 水；b. 钒酸铵溶液：1 g 钒酸铵溶于 300 mL 水中，加入除去 NO$_2$ 的 HNO$_3$ 200 mL，在搅拌下将钼酸铵溶液慢慢倒入钒酸铵溶液中，然后用水稀释至 1000 mL。如有浑浊必须过滤。

P$_2$O$_5$ 标准溶液：称取 105～110 ℃ 烘干过的 KH$_2$PO$_4$ 1.9175 g 于烧杯中，加水溶解后，移入 1000 mL 容量瓶中，用水定容至刻度，摇匀。

2. 操作步骤

（1）标准曲线制作

分取 1.00、1.50、2.00、2.50、3.00 mL P$_2$O$_5$ 于 100 mL 容量瓶中，用蒸馏水稀释至 50 mL，加入显色剂 25 mL（用大肚移液管），用蒸馏水定容至刻度，摇匀。用 1 cm 比色皿，以 1.0 mL P$_2$O$_5$ 标准作为参比，测 1.5～3.0 mL P$_2$O$_5$ 标准溶液的吸光度，并绘制标准曲线。

（2）样品的测定

吸取 10 mL 样品液于 100 mL 容量瓶中，用蒸馏水稀释至 50 mL，加入显色剂 25 mL，用水定容至刻度，摇匀。按标准曲线法测吸光度（仍以 1.0 mL P$_2$O$_5$ 为参比）。

四、实验数据处理

按下式计算 P$_2$O$_5$ 的含量，结果填入表 7-1。

$$C(P_2O_5)(g/L) = m/V$$

式中 m ——查图得到的 P$_2$O$_5$ 质量，mg；

V ——分取测量的样品液体积，mL。

表 7-1　数据记录表

编号	波长/nm	稀释倍数	P$_2$O$_5$含量/μg·mL^{-1}	平均含量
1				
2				
3				

五、思考题

（1）为什么示差分光光度法可以提高测定的准确度？

（2）本实验量取各种试剂时应采取何种量器合适？为什么？

六、注意事项

（1）本法因测高浓度物质，故每步化学处理（如配标准溶液、分取试液、定容至刻度等）均需准确才能避免"超差"。

（2）使用比色皿注意事项如下：① 拿取比色皿时，手指不能接触其透光面；② 测定溶液的吸光度时，应先用该溶液荡洗比色皿 2 ~ 3 次；③ 测定一系列溶液吸光度时，通常是按从稀到浓的顺序进行测定，被测定的溶液装 4/5 高度为宜；④ 盛好溶液后，应先用滤纸吸去比色皿外部的液体，再用擦镜纸轻轻擦拭透光面，直至洁净透明。

实验 7-3　紫外-可见分光光度法测定水溶液中铜离子的浓度

一、实验目的

掌握分光光度法测定水溶液中铜离子的原理和方法。

二、实验原理

在碱性氨溶液中，铜离子与铜试剂（二乙基二硫代氨基甲酸钠，DDTC-Na）作用，生成黄棕色胶体配合物，该有色物在 pH=9 左右时可稳定 5 ~ 30 min，其最大吸收波长为 452 nm。当水中含有一定量铜离子时，可直接测定。

三、实验方法

1. 仪器与试剂

（1）仪器

UV-1801 型紫外-可见分光光度计（北京北分瑞利），50 mL 容量瓶，100 mL 容量瓶，1000 mL 容量瓶，1、2、5、10 mL 移液管，玻璃比色皿。

（2）试剂

浓氨水，浓硝酸（分析纯），含铜水样。

2. 实验条件

因铜与铜试剂的产物在 452 nm 处具有最大的吸收强度，故测定波长选择 452 nm。在 pH=9 条件下，该有色产物可稳定存在 5 ~ 30 min，故测定时调节 pH 至 9，在反应开始后 5 ~ 20 min 进行测定，测定温度为室温。

3. 实验步骤

（1）标准溶液的配制

① 铜标准储备溶液（1 mg/mL）：称取 0.5 g 纯铜粉溶于 10 mL（1+1）硝酸溶液中，用水定容至 500 mL。

② 铜标准溶液（10 μg/mL）：取铜标准储备溶液 1 mL 于 100 mL 容量瓶中，加水定容至刻度。

③ 铜试剂标准溶液（54 μg/mL）：取 0.054 g DDTC-Na，溶于纯水中，定容至 1000 mL 容量瓶中。

（2）确定铜试剂用量

在 1～10 号 50 mL 比色管中用移液管分别移入 2.00 mL 铜标准溶液（10 μg/mL），依次加入 1.00、2.00、3.00、4.00、5.00、6.00、7.00、8.00、9.00、10.00 mL 铜试剂标准溶液（54 μg/mL），用浓氨水调节 pH 至 9，用纯水定容至刻度，5 min 后测定 452 nm 处的光吸收值。结果显示：加入铜试剂为 6 mL 以下时，随着铜试剂用量的增多，吸光度值逐渐增大；加入铜试剂为 6 mL 时，吸光度值达到最大值；当铜试剂用量继续增大时，吸光度值不变。

（3）绘制标准曲线

向 1～7 号 50 mL 比色管中依次加入 0、0.40、0.80、2.00、4.00、6.00、10.00 mL 铜标准溶液，加入过量的铜试剂标准溶液，滴加浓氨水调节 pH 至 9，用纯水定容至刻度，在波长 452 nm 处测定溶液的吸光度，绘制标准曲线。

（4）水样的测试

实验结果表明，在 0.06～2.50 μg/mL 内测试结果适用。当铜离子浓度增大时，出现棕色絮状沉淀，因此，测定时需将铜离子浓度稀释到合适浓度范围。加入过量的铜试剂标准溶液，滴加浓氨水调节 pH 至 9，用纯水定容至刻度，在波长 452 nm 处测定样品溶液的吸光度值。

四、实验数据处理

（1）铜标准溶液的配制，将结果填入表 7-2。

表 7-2　铜标准溶液配制表

容量瓶编号	1	2	3	4	5	6	7
铜标准溶液体积/mL	0	0.40	0.80	2.00	4.00	6.00	10.00
相当于水样铜的含量/μg·mL^{-1}							

（2）水溶液中铜离子的含量测定，将结果填入表 7-3。

表 7-3　数据记录表

编号	波长/nm	稀释倍数	含量/μg·mL^{-1}	平均含量
1				
2				
3				

为获得准确数据，在使用分光光度计时，哪些操作必不可少？

六、注意事项

试液和标准溶液的测定条件应保持一致。

实验 7-4　紫外-可见分光光度法测定水中苯酚含量

一、实验目的

（1）学会使用紫外-可见分光光度计。
（2）掌握紫外-可见分光光度计的定量分析方法。

二、实验原理

由于苯酚在酸、碱溶液中吸收波长不一致（见下式），实验选择在碱性条件下测试，选择测试的波长为 288 nm 左右，取紫外-可见光谱仪波长扫描后的最大吸收波长。

单光束紫外-可见分光光度计的仪器原理是光源发出光谱，经单色器分光，然后单色光通过样品池，达到检测器，把光信号转变成电信号，再经过信号放大、模/数转换，数据传输给计算机，由计算机软件处理。

三、实验方法

1. 仪器与试剂

（1）仪器

UV-1801 型紫外-可见分光光度计（北京北分瑞利），1 cm 石英比色皿 1 套，25 mL 容量瓶 6 只，100 mL 容量瓶 1 只，10 mL 移液管 2 支。

（2）试剂

苯酚、氢氧化钠（NaOH）、含苯酚水样。

2. 实验步骤

（1）标准溶液的配制

配制 250 mg/L 苯酚标准溶液：准确称取 0.0250 g 苯酚于 250 mL 烧杯中，加入去离子水 20 mL 使之溶解，加入 2 mL 0.1 mol/L NaOH 溶液，混合均匀，移入 100 mL 容量瓶，用去离子水稀释至刻度，摇匀。

取 6 只 25 mL 容量瓶，分别加入 0.00、1.00、2.00、3.00、4.00、5.00 mL 苯酚标准溶液，用去离子水稀释至刻度摇匀，作为标准溶液系列。

（2）绘制吸收光谱

取上述标准系列任一溶液装进 1 cm 石英比色皿至 4/5，以装有蒸馏水的 1 cm 石英比色皿作为空白参比，设定在 220 ～ 350 nm 波长范围内扫描，获得波长-吸收曲线，读取最大吸收的波长数据 λ。

（3）绘制标准曲线

以蒸馏水作为空白参比，在最大吸收波长 λ，测定步骤（1）配制的 6 个标准溶液的吸光度。

（4）未知液的测定

取待测水样装入比色皿，在波长 λ 测定其吸光度。

四、实验数据处理

（1）绘制苯酚的吸收光谱，确定最大吸收波长 λ，填入表 7-4。

表 7-4　苯酚的吸收光谱

波长/nm								
吸光度								

（2）绘制苯酚在 λ 时的标准曲线，求出标准曲线的斜率，即 ε_λ^c，计算水样中苯酚的含量，填入表 7-5。

表 7-5　苯酚标准曲线数据表

项目内容	标准溶液（250 mg/L）						待测水样
容量瓶编号	1	2	3	4	5	6	/
吸取的体积/mL	0	1.00	2.00	3.00	4.00	5.00	
吸光度 A							

五、思考题

（1）为什么紫外-可见光谱定量分析的准确度比红外光谱高？

（2）试样溶液浓度过高或过低，对测量有何影响？应如何调整？

六、注意事项

（1）试液和标准溶液的测定条件应保持一致。

（2）绘制吸收曲线时，每改变一次波长，都应该用空白溶液调 T% 为 100%，A 为 0。

实验 7-5 紫外-可见分光光度法测定水中铁的含量

一、实验目的

（1）了解朗伯-比尔定律的应用，掌握邻二氮菲法测定铁的原理。

（2）了解分光光度计的构造；掌握分光光度计的正确使用方法。

（3）学会吸收曲线的绘制和样品的测定原理。

二、实验原理

邻菲咯啉是测定微量铁的较好试剂。在 $pH=2 \sim 9$ 的条件下，邻菲咯啉与 Fe^{2+} 生成稳定的橙红色配合物，其反应式如下：

Fe^{3+} 能与邻二氮菲生成淡蓝色配合物（不稳定），故显色前加入还原剂盐酸羟胺使其还原为 Fe^{2+}。

此橘红色配合物为邻二氮菲铁，其稳定较好， $\lg K_{稳} = 21.3$（20 ℃）， $\varepsilon = 1.1 \times 10^4$ L/(cm·mol)。

显色酸度范围为 $pH=2 \sim 9$。酸度高，反应进行慢；酸度低， Fe^{2+} 水解。通常在 HAc-NaAc 缓冲介质中测定。

邻二氮菲与 Fe^{2+} 的反应选择性很高，相当于含铁 5 倍的 Co^{2+}、Cu^{2+}，20 倍的 Cr^{3+}、Mn^{2+}、PO_4^{3-}、V（V），40 倍的 Al^{3+}、Ca^{2+}、Mg^{2+}、SiO_3^{2-}、Sn^{2+}、Zn^{2+} 都不干扰测定。

此方法测量灵敏度：$10^{-5}\% \sim 10^{-4}\%$ 的痕量组分，相对误差为 $5\% \sim 10\%$ 或 $2\% \sim 5\%$。利用分光光度法定量测定时，一般选择最大吸收波长，因为在此波长下 ε 最大，测定的灵敏度也最高。通常绘制待测物质在不同波长下的吸收曲线，以找出物质的最大吸收波长。采用标准曲线法定量测定，即先配制一系列不同浓度的标准溶液，在选定的反应条件下使被测物质显色，测得相应的吸光度，以浓度为横坐标、吸光度为纵坐标绘制标准曲线。

三、实验方法

1. 仪器与试剂

（1）仪器

UV-1801 型紫外-可见分光光度计（北京北分瑞利），2、5、10 mL 移液管，50 mL

容量瓶，1 cm 石英比色皿 1 套。

（2）试剂

铁标准溶液（含铁 0.01 mg/mL），0.1%邻菲啰啉水溶液，10%盐酸羟胺水溶液，1 mol/L HAc-NaAc 缓冲溶液（pH=4.6）。

2. 实验步骤

（1）吸收曲线的绘制和测量波长的选择

吸取 0.00 mL 和 6.00 mL 铁标准溶液分别注入两个 50 mL 容量瓶中，依次加入 5.00 mL HAc-NaAc 缓冲溶液、2.50 mL 盐酸羟胺溶液、5.00 mL 邻菲啰啉溶液，用蒸馏水稀释至刻度，摇匀。用 1 cm 比色皿，以试剂空白为参比，在 440～560 nm，每隔 5 nm 测吸光度。然后以波长为横坐标、吸光度 A 为纵坐标，绘制吸收曲线，找出最大吸收波长。

（2）绘制标准曲线

分别吸取铁的标准溶液 0.00、2.00、4.00、6.00、8.00、10.00 mL 于 6 只 50 mL 容量瓶中，依次分别加入 5.00 mL HAc-NaAc 缓冲溶液、2.50 mL 盐酸羟胺溶液、5.00 mL 邻菲啰啉溶液，用蒸馏水稀释至刻度，摇匀，放置 10 min，在其最大吸收波长下，用 1 cm 比色皿，以试剂溶液为空白，测定各溶液的吸光度。以铁含量（mg/50 mL）为横坐标、溶液相应的吸光度为纵坐标，绘制标准曲线。

（3）未知液的测定

取待测液装入比色皿，在最大吸收波长下，测定其吸光度。

四、实验数据处理

（1）绘制铁的吸收光谱，确定最大吸收波长，将结果填入表 7-6。

表 7-6　吸收光谱表

波长/nm								
吸光度								

（2）绘制铁在最大吸收波长时的标准曲线，求出标准曲线的斜率，即 $\varepsilon_{\lambda}^{c}$，计算待测液中铁的含量，填入表 7-7。

表 7-7　铁的标准曲线表

项目内容	标准溶液（0.01 mg/mL）						待测液
容量瓶编号	1	2	3	4	5	6	7
吸取的体积/mL	0	2.00	4.00	6.00	8.00	10.00	
吸光度 A							

五、思考题

（1）实验中为什么要进行各种条件实验？

（2）如果试样中有某种干扰离子，此离子在测定波长处也有吸收，应如何处理？

（3）哪些试剂需要准确加入，哪些试剂不需要准确加入？

（4）用邻二氮菲分光光度法测定微量铁时，为什么在配制溶液时需要加入还原剂盐酸羟胺？

（5）影响显色反应的因素有哪些？如何选择合适的显色条件？

（6）计算邻二氮菲的摩尔吸光系数。

六、注意事项

（1）试样和工作曲线测定的实验条件应保持一致，所以，最好两者同时测定。

（2）盐酸羟胺容易氧化，所以不能久置。

实验 7-6　紫外吸收光谱法鉴定苯甲酸、苯胺、苯酚及苯酚含量的测定

一、实验目的

（1）掌握紫外光谱法进行物质定性、定量分析的基本原理。

（2）学习紫外-可见分光光度计的使用方法。

二、实验原理

含有苯环和共轭双键的有机化合物在紫外区有特征吸收。物质结构不同对紫外及可见光的吸收曲线不同。最大吸收波长 λ_{max}、摩尔吸收系数 ε_{max} 及吸收曲线的形状不同是进行物质定性分析的依据。本实验通过最大吸收波长和最大吸收波长与其所对应的吸光度的比值的一致性来鉴定化合物，从文献上查得这 3 种物质的紫外吸收光谱数据，如表 7-8 所示。

表 7-8　苯甲酸、苯胺、苯酚的紫外吸收光谱数据

物质	λ_{max}/nm	ε_{max}/L·mol^{-1}·cm^{-1}	$\varepsilon_{max,\lambda_1}$ / $\varepsilon_{max,\lambda_2}$	溶剂
苯甲酸	230	10 000	12.5	水
	270	800		
苯胺	230	8600	6.0	水
	280	1430		
苯酚	210	6200	4.3	水
	270	1450		

在紫外分光光度计上分别作 3 种物质水溶液（试液）的吸收光谱曲线，再由曲线上找出 λ_{max}，并计算出 λ_{max} 与其对应的吸光度的比值，与表 7-8 所列数据进行对比，比

较 λ_{max} 及吸光度比值是否一致，即可判断是何种物质。

用紫外分光光度计进行定量分析时，若被分析物质浓度太低或太高，可使透光率的读数扩展 10 倍或缩小至 1/10，有利于低浓度或高浓度的分析。

三、实验方法

1. 仪器与试剂

（1）仪器

UV-1801 型紫外-可见分光光度计（北京北分瑞利），1 cm 石英比色皿 2 个，25 mL 比色管 10 支，10 mL、5 mL、1 mL 移液管各 1 支，100 mL、250 mL 烧杯各 1 个，吸耳球 2 个。

（2）试剂

① A 液：约 3×10^{-3} mol/L 苯酚水溶液。

B 液：约 3×10^{-3} mol/L 苯甲酸水溶液，制备时若不溶则稍加热。

C 液：约 3×10^{-3} mol/L 苯胺水溶液。

② 苯酚标准溶液：称取 1.000 g 苯酚，用去离子水溶解，转入 1000 mL 容量瓶中，用水稀释到刻度，摇匀，即为 1 g/L 苯酚标准溶液。吸取 1 g/L 苯酚标准溶液 10.00 mL 于 100 mL 容量瓶中，用水稀释至刻度，摇匀，即为 100 mg/L。

2. 实验步骤

（1）定性分析

① 分析溶液的制备：取 A 溶液、B 溶液及 C 溶液各 1.0 mL，分别放入 3 个 25 mL 比色管中，用蒸馏水稀释至刻度，则得到 A#、B#、C#3 种溶液。

② 鉴定：在紫外-可见分光光度计上，用 1 cm 石英吸收池，蒸馏水作为参比溶液，在 200～330 nm 波长范围扫描，绘制苯甲酸、苯胺及苯酚的吸收曲线。由曲线上找出 λ_{max1}、λ_{max2}，其所对应的吸光度的比值与对应的 ε_{max} 比值进行比较，鉴定 A#、B#、C# 各为哪种物质。

（2）定量分析

① 标准曲线的制作：取 5 支 25 mL 的比色管，分别加入 1.00、2.00、3.00、4.00、5.00 mL 苯酚（100 mg/L），用去离子水稀释到刻度，摇匀。用 1 cm 石英比色皿，去离子水作为参比，在选定的最大波长下，分别测定各溶液的吸光度，以吸光度对浓度作图，绘出工作曲线。

② 定量测定废水中的苯酚含量：准确移取未知液 10.00 mL 于 25 mL 的比色管中，用去离子水稀释到刻度，摇匀。在同样条件下测定其吸光度，根据吸光度在工作曲线上查出苯酚待测液的浓度，并计算出未知液中苯酚含量。

四、实验数据处理

将测定及计算结果填入表 7-9、表 7-10。

表 7-9   苯甲酸、苯胺、苯酚的定性分析结果

物质	λ_{max1}/nm	λ_{max2}/nm	ε_{max1}	ε_{max2}	$\varepsilon_{max1}/\varepsilon_{max2}$	鉴定结果
A						
B						
C						

表 7-10   苯酚标准溶液和待测样品吸光度的测定结果

苯酚的量						未知
吸光度						

五、思考题

（1）本实验通过比较最大吸收波长和最大吸收波长与其对应的吸光度的比值来鉴定化合物，可否直接通过比较最大吸收波长与其对应的吸光度来鉴定化合物？为什么？

（2）苯酚的紫外吸收光谱中 210 nm、270 nm 的吸收峰是由哪类价电子跃迁产生的？

实验 7-7   肉制品中亚硝酸盐含量的测定

一、实验目的

（1）明确亚硝酸盐的测定与控制成品质量的关系。
（2）明确与掌握盐酸萘乙二胺法的基本原理与操作方法。

二、实验原理

样品经沉淀蛋白质，除去脂肪后，在弱酸条件下，亚硝酸盐与对氨基苯磺酸重氮化后，生成的重氮化合物再与萘基盐酸二氨乙烯偶联成紫红色的重氮染料，在 538 nm 波长下测定其吸光度，根据朗伯-比尔定律，用标准曲线法测定亚硝酸盐含量。

三、实验方法

1. 仪器与试剂
（1）仪器

UV-1801 型紫外-可见分光光度计（北京北分瑞利），电子天平，水浴锅，组织绞碎机，1 cm 石英比色皿 1 套，容量瓶。
（2）试剂

硫酸锌，硼砂，对氨基苯磺酸，盐酸萘乙二胺，亚硝酸钠。
① 硫酸锌溶液（300 g/L）：将 30 g 硫酸锌（$ZnSO_4 \cdot 7H_2O$）溶于水中，稀释至 100 mL。
② 饱和硼砂溶液（50 g/L）：称取 5.0 g 硼酸钠，溶于 100 mL 热水中，冷却后备用。

③ 对氨基苯磺酸溶液（4 g/L）：称取 0.4 g 对氨基苯磺酸，溶于 100 mL 20%盐酸中，置棕色瓶中，避光保存。

④ 盐酸萘乙二胺溶液（2 g/L）：称取 0.2 g 盐酸萘乙二胺，溶于 100 mL 水中，混匀后，置棕色瓶中，避光保存。

⑤ 亚硝酸钠标准溶液（200 μg/mL）：准确称取 0.1000 g 于 110～120 ℃ 干燥至质量恒定的亚硝酸钠，加水溶解移入 500 mL 容量瓶中，加水稀释至刻度，混匀。

亚硝酸钠标准使用液（5.0 μg/mL）：临用前，准确移取 2.50 mL 亚硝酸钠标准溶液（200 μg/mL）置于 100 mL 容量瓶中，加水稀释至刻度。

2．实验步骤

（1）样品处理

用四分法称取适量或全部香肠等肉制品，用食物粉碎机制成匀浆备用称取 2.00 g 制成匀浆的试样，置于 50 mL 烧杯中，加 6.3 mL 饱和硼砂溶液，搅拌均匀，用约 150 mL 70 ℃ 左右的水将试样洗入 250 mL 容量瓶中，于沸水浴中加热 15 min，取出置冷水浴中冷却，并放置至室温。再加入 1.3 mL 硫酸锌溶液，放置 30 min，上清液用滤纸过滤弃去初滤液 30 mL，滤液备用。

（2）标准工作曲线的绘制

准确移取 0、0.40、0.80、1.20、1.60、2.00 mL 亚硝酸钠标准使用液（相当于 0、2.00、4.00、6.00、8.00、10.00 μg 亚硝酸钠），分别置于 50 mL 容量瓶中。分别加入 2 mL 对氨基苯磺酸溶液，混匀，静置 3～5 min 各加入 1 mL 盐酸萘乙二胺溶液，加水至刻度，混匀，静置 15 min，用 1 cm 比色皿，于波长 538 nm 处测吸光度，并将其记录在表 7-11 中。

（3）样品的测定

准确移取 20.00 mL 上述滤液于 50 mL 容量瓶中，加入 2 mL 对氨基苯磺酸溶液，混匀，静置 3～5 min 后各加入 1 mL 盐酸萘乙二胺溶液，加水至刻度，混匀，静置 15 min，用 1 cm 比色皿，于波长 538 nm 处测吸光度，并将其记录在表 7-11 中。

表 7-11　标准系列溶液及其吸光度

编号	1	2	3	4	5	6	7（样品）
亚硝酸钠/μg	0	2.00	4.00	6.00	8.00	10.00	
吸光度							
回归方程							

四、实验数据处理

（1）标准曲线的绘制：以亚硝酸钠的质量为横坐标、吸光度为纵坐标绘制标准工作曲线，得到标准工作曲线方程及相关系数。

（2）根据样品的吸光度和标准工作曲线方程计算出待测样品中亚硝酸盐的含量 C。

（3）根据下列公式计算肉制品中亚硝酸盐的含量（以亚硝酸钠计）。

$$X = \frac{C \times 1000}{m \times \dfrac{V_1}{V_0} \times 1000}$$

式中　X——试样中亚硝酸钠的含量，mg/kg；

　　　C——测定用试液中亚硝酸钠的质量，μg；

　　　m——试样质量，g；

　　　V_1——测定用样液体积，mL；

　　　V_0——试样处理液总体积，mL。

五、思考题

实验中加入饱和硼酸的作用是什么？

7.3　仪器部分

7.3.1　UV-vis 仪器结构及分析流程

分光光度法所采用的仪器称为分光光度计。分光光度计的主要组件由 5 部分组成：光源、单色器、样品吸收池、检测系统、信号指示系统（图 7-2）。下面分别介绍这 5 部分。

图 7-2　分光光度计结构

1. **光　源**

光源有钨丝灯及氘灯两种。钨丝灯是可见区和近红外区最常用的光源，它适用的波长范围为 320～2500 nm；紫外光区则用氘灯或氢灯，适用的波长范围 165～375 nm。

2. **单色器**

单色器是一种将来自光源的混合光分解为单色光，并能任意改变波长的装置。它是分光光度计的心脏部分。单色器主要由狭缝、色散元件和准直镜等组成。关键是色散元件，紫外-可见分光光度计均采用棱镜或光栅为色散元件。它们起着把混合光分解为各种波长的单色光的作用。

3. **样品池**

紫外-可见分光光度计常用的吸收池有石英和玻璃两种材质制成。熔融石英池可用于紫外光区，可见光区用硅酸盐玻璃。常用吸收池光程有 1、2、10 cm 等。形状有方形、长方形和圆柱形等。

4. 检测器

检测器的作用是对透过样品池的光做出响应，并把它转变成电信号输出。其输出电信号的大小与透过光的强度成正比。分光光度计中常用的检测器有硒光电池、光电管和光电倍增管。

5. 显示器

分光光度计信号显示常采用检流计、微安表、电位计、数字电压表、x-y 记录仪、示波器、数据台等。

紫外及可见光分光光度计的可测波长范围为 200 ~ 1000 nm，也有波长范围为 200 ~ 400 nm 的紫外分光光度计，但前者较为普遍。紫外及可见光分光光度计的构造原理与可见光分光光度计相似。但为适应紫外光的性质，它与后者有不同之处。

图 7-3 是一种双光束、自动记录式紫外及可见光分光光度计的光程原理图。这类仪器可以自动描绘出待测物质的紫外及可见光波长范围内的吸收光谱，因而可以迅速地得到待测物质的定性数据。另一方面，它能够消除、补偿由于光源、电子测量系统不稳定等所引致的误差，所以其测量的精确度就提高了。由光源（钨丝灯或氘灯，根据波长而变换使用）发出的光经入口狭缝及反射镜反射至光栅，色散后经过出口狭缝而得到所需波长的单色光束。然后由反射镜反射至半透半反镜上，使光束分成两束并分别投射到参比溶液（空白溶液）及试样溶液上，后面的光电倍增管接受通过参比溶液及试样溶液光通量。现代仪器在主机中装有微处理机或外接微型计算机，控制仪器操作和处理测量数据，组装有屏幕显示、打印机和绘图仪等。有的仪器已使用阵列型多道光电检测器，如电荷耦合阵列检测器-光电二极管阵列检测器。采用光电二极管阵列检测器构成的二极管阵列分光光度计，由于在全部波长（200 ~ 900 nm）范围内可同时快速检测（0.1 ~ 1 s），不仅用于液相色谱不停流检测，并成为追踪化学反应及反应动力学研究的重要工具。

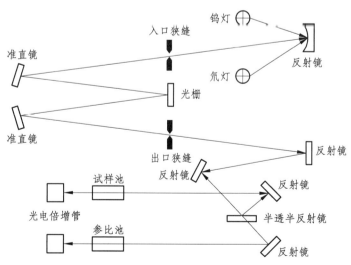

图 7-3　双光束紫外及可见光分光光度计

7.3.2　UV-vis 仪器的使用方法（包括注意事项）

1. 仪器操作

（1）开机，预热，联机

（2）扫描

仪器处于"光谱扫描"状态，设置波长范围，将参比溶液置于光路中，然后校准背景。

将试样置于光路中得到光谱图，确定 λ_{max}。

（3）标准曲线

仪器处于"定量分析"状态，设置波长、标准溶液个数、浓度、单位。

将参比溶液置于光路中，校准背景。

将标准溶液置于光路中，依次测定标准溶液吸光度，得到吸光度 A 和回归方程，相关系数。

如有数据需重测，点数据列表中该项进行修改。

测定试样：将试样置于光路中进行测定，得到 A_x 和浓度 c_x。

2. 注意事项

（1）严格遵守操作程序，否则造成仪器内存混乱，不能正常工作。

（2）若实验过程中，大幅度改变测试波长，需要等数分钟才能正常工作（因波长大幅改变，光能量变化急剧，光电管响应迟缓，需一段光响应平衡时间）。

（3）比色皿内溶液切勿加满，若溶液溢出在样品室，溶液蒸发充满样品室光路，会发生测定错误。

（4）比色皿有透光面和毛玻璃面，拿取比色皿时，手指不能接触其透光面，并注意保护透光面。

（5）装溶液时，先用该溶液润洗比色皿内壁 2 ~ 3 次；测定系列溶液时，通常按由稀到浓的顺序测定。

（6）被测溶液以装至比色皿的 2/3 ~ 4/5 高度为宜。

（7）装好溶液后，先用滤纸轻轻吸去比色皿外部的液体，再用擦镜纸小心擦拭透光面，直到洁净透明。

（8）一般参比溶液的比色皿放在第一格，待测溶液放在后面三格。

（9）实验中勿将盛有溶液的比色皿放在仪器面板上，以免玷污和腐蚀仪器，实验完毕，及时把比色皿洗净、晾干，并放回比色皿盒中。

7.3.3　比色的选择、使用及清洗

1. 比色皿的选择

比色皿透光面是由能够透过所使用的波长范围的光的材料制成。根据测定波长选

择合适的比色皿：波长在紫外区（190~400 nm），必须选择石英比色皿；波长在可见区（400~900 nm），一般选择普通玻璃比色皿，也可以选择石英比色皿。石英比色皿既可用于紫外区又可用于可见区，但是价格一般比较贵。

将仪器检测波长设置为实际使用需要的波长，将一套比色皿都注入蒸馏水，其中一只的透光率调至100%，测量其他各只的透光率，凡透光率之差不大于 0.5%，即可配套使用。

2. 比色皿的正确使用及注意事项

在使用比色皿时，两个透光面要完全平行，并垂直置于比色皿架中，以保证在测量时，入射光垂直于透光面，避免光的反射损失保证光程固定。

比色皿一般为长方体，其底及两侧为磨毛玻璃，另两面为光学玻璃制成的透光面采用熔融一体、玻璃粉高温烧结和胶黏合而成。所以使用时应注意以下几点。

（1）拿取比色皿时，只能用手指接触两侧的毛玻璃，避免接触光学面。同时注意轻拿轻放，防止外力对比色皿的影响，产生应力后破损。

（2）凡含有腐蚀玻璃的物质的溶液，不得长期盛放在比色皿中。不能将比色皿放在火焰或电炉上进行加热或干燥箱内烘烤。

（3）比色皿在使用后，应立即用水冲洗干净。当发现比色皿里面被污染后，应用无水乙醇等清洗，及时擦拭干净，必要时可用 1∶1 的盐酸浸泡，然后用水冲洗干净。不可用碱液洗涤，也不能用硬布、毛刷刷洗。

（4）不得将比色皿的透光面与硬物或污物接触。盛装溶液时，高度为比色皿的 2/3 处，光学面如有残液可先用滤纸轻轻吸附，然后再用镜头纸或丝绸擦拭。

3. 比色皿的洗涤方法

分光光度法中比色皿洁净与否是影响测定准确度的因素之一。因此，必须重视选择正确用中的洗净方法。比色皿进行清洗的基本原则是不能损坏比色皿的结构和透光性能，一般采和溶解的方法来清洗。常用的清洗方式有以下几种。

（1）选择比色皿洗涤液的原则是去污效果好，不损坏比色皿，同时又不影响测定。

（2）一般情况，若测定溶液是酸，就用弱碱溶液清洗；测定溶液是碱，就用弱酸溶液清洗；测定溶液是有机物质，就用有机溶剂，如酒精等清洗。

（3）分析常用的铬酸洗液不宜用于洗涤比色皿，这是因为带水的比色皿在该洗液中有时会局部发热，致使比色皿胶接面裂开而损坏。同时经洗液洗涤后的比色皿还很可能残存微量铬，其在紫外区有吸收，因此会影响峰及其他有关元素的测定。一般使用硝酸和过氧化氢（5∶1）的混合溶液泡洗，然后用水冲洗干净。

（4）对一般方法难以洗净的比色皿，还可先将比色皿浸入含有少量阴离子表面活性剂的碳酸钠溶液（20 g/L）泡洗，经水冲洗后，再于过氧化氢-硝酸（5∶1）混合溶液中浸泡半小时。或者在通风橱中用盐酸-水-甲醇（1∶3∶4）混合溶液泡洗，一般不超过 10 min。

7.3.4 分光光度计的日常维护

（1）分光光度计可做定量分析纯度分析、结构分析和定性分析，在制药、食品行业中的产品质量控制、各级药检系统的产品质量检查中更是必备的分析仪器。经常对仪器进行维护和测试，以保证仪器在最佳工作状态。

（2）温度和湿度是影响仪器性能的重要因素，它们可以引起机械部件的锈蚀，使金属镜面的光洁度下降，引起仪器机械部分的误差或性能下降，造成光学部件如光栅、反射镜、聚焦镜等的铝膜锈蚀，产生光能不足杂散光、噪声等，甚至仪器停止工作，从而影响仪器寿命。维护保养时应定期加以校正。应具备四季恒湿的仪器室，配置恒温设备，特别是地处南方地区的实验室。

（3）环境中的尘埃和腐蚀性气体亦可以影响机械系统的灵活性、降低各种限位开关、按键、光电耦合器的可靠性，也是造成部分铝膜锈蚀的原因之一。因此必须定期清洁，保障环境和仪器室内卫生条件，防尘。

（4）仪器使用一定周期后，内部会积累一定量的尘埃，最好由维修工程师或在工程师指导下定期开启仪器外罩对内部进行除尘工作，同时将各发热元件的散热器重新紧固，对光学盒的密封窗口进行清洁，必要时对光路进行校准，对机械部分进行清洁和必要的润滑，最后，恢复原状，再进行一些必要的检测、调校与记录。

（5）每次使用后应检查仪器样品室是否有溢出的溶液，经常擦拭样品室，以防废液对部件或光路系统的腐蚀。

（6）仪器外表面需保持清洁，使用完毕后应盖好防尘罩，可在样品室及光源室内放置硅胶袋防潮，但开机时一定要取出。

（7）注意事项

仪器液晶显示器和键盘在使用时应注意防刮伤，防水，防尘，防腐蚀。使用完毕后，应将样品溶液取出，并检查样品室是否有溢出液体，经常擦拭样品室，以防液体对部件或光路系统的腐蚀。不得随意调整仪器参数，更不得拆卸零部件，尤其不能随意擦拭及碰伤光学镜面。强腐蚀、易挥发试样测定时比色杯必须加盖。

8 红外光谱法

8.1 红外光谱法基本原理

红外光谱（Infrared Spectrometry，IR）是研究分子振动和转动的一种分子吸收光谱。当样品受到频率连续变化的红外光照射时，分子吸收了某些频率的辐射，并由其振动或转动运动引起偶极矩的净变化，产生分子振动和转动能级从基态到激发态的跃迁，使相应于这些吸收区域的透射光强度减弱。记录红外光的透过率与波数或波长关系的曲线，得到红外光谱。从分子的特征吸收可以鉴定化合物和分子结构，进行定性和定量分析。红外光谱法在有机化学、高分子材料化学、食品分析、环境化学、药物化学等学科有着广泛的应用。

8.1.1 分子的振动与红外吸收的产生

任何物质的分子都是由原子通过化学键联结构成的。分子中的原子与化学键都处于不断的运动中。它们的运动，除了原子外层价电子跃迁以外，还有分子中原子的振动和分子本身的转动这些运动形式都可以吸收外界能量而引起能级的跃迁，每个振动能级通常包含很多转动能级，在分子发生振动能级跃迁时，不可避免地发生转动能级的跃迁，因此通常所测得的光谱实际上是振动转动光谱，简称振转光谱。

分子在发生振动能级跃迁时，需要一定的能量，这个能量通常由辐射体系的红外光来提供。由于振动能级是量子化的，因此分子振动只能吸收一定波长的能量，即吸收与分子振动能级间隔的能量相应波长的光。分子振动时偶极矩的变化不仅决定了该分子能否吸收红外光产生红外光谱，还关系到吸收峰的强度。根据量子理论，红外吸收峰的强度与分子振动时的偶极矩变化的平方成正比。因此，振动时偶极矩变化越大，吸收强度越强。而偶极矩变化的大小取决于下列因素：

（1）原子电负性：化学键两端连接原子的电负性相差越大（极性越大），瞬间偶极矩的变化也越大，在伸缩振动时，引起的红外吸收峰越强。

（2）振动方式：不同振动方式对分子的电荷分布影响不同，吸收峰强度也不同。通常不对称伸缩振动比对称伸缩振动影响大，而伸缩振动又比弯曲振动影响大。

（3）分子的对称性：结构对称的分子在振动过程中，如果分子的偶极矩变化为零，将不出现红外吸收峰。如 CO_2 的对称伸缩振动就没有红外活性。

8.1.2　红外光谱法的定性分析和定量分析

红外光谱法是研究分子中原子的相对振动，也可归结为化学键的振动。不同的化学键或官能团从基态跃迁到激发态所需的能量不同，因此要吸收不同能量的红外光。形成不同波长位置的吸收峰，红外光谱就是这样形成的。红外光谱图通常以波长或波数为横坐标、吸光度 A 或透过率 T（%）为纵坐标。

红外光谱对有机化合物的定性分析具有鲜明的特征性。因为每一个化合物都具有特征的红外吸收光谱，其谱带的数目、位置、形状和强度随化合物及其聚集态的不同而变化，因此就可以像辨别人的指纹一样，根据化合物的红外光谱可以确定化合物中所含官能团，推断化合物的结构。红外光谱定性分析，大致可分为官能团定性和结构分析两方面。官能团定性是根据化合物红外光谱的特征基团频率来检定物质含有哪些基团，从而确定化合物的类别。结构分析需要通过化合物的红外光谱和其他实验数据（如相对分子质量、物理常数、紫外光谱、核磁共振波谱、质谱等）来推断有关化合物的化学结构。

与其他仪器分析方法相比较，红外光谱法有如下特点：① 红外光谱是依据样品在红外区吸收谱带的位置、强度、形状、个数来推测分子中某种官能团是否存在，同时推测官能团的邻近基团，来确定化合物的结构。② 红外光谱不破坏样品，同时不受样品存在状态，如气体、液体和固体等的限制，测定方便，制样简单。③ 红外光谱特征性高，由于红外光谱信息多，不仅可以对不同结构的化合物给出特征性的谱图，也可从"指纹区"确定化合物的异同，所以人们常把红外光谱叫作分子指纹光谱。④ 红外光谱分析时间短，采用傅里叶变换红外光谱仪，在 1 秒内就可完成多次扫描。⑤ 红外光谱所需样品量少，且可以回收。

8.2　实验内容

实验 8-1　红外光谱法分析高分子材料聚苯乙烯

一、实验目的

（1）掌握固体样品制备及使用红外分光光度计测绘红外光谱的方法。
（2）熟悉样品红外光谱的初步解析。
（3）了解样品光谱与标准光谱对照验证，确定定性是否正确。

二、实验原理

一般高聚物的红外光谱中谱带的数目很多，而且不同种类的物质其光谱不相同，特征性很强。此外，红外光谱法的制样和实验技术相对比较简单，它适用于各种物理状态的样品。因此，目前红外光谱法已经成为高聚物材料分析和鉴定工作中最重要的手段之一。

根据红外光谱的位置、形状、相对强度等特征对样品进行分析，由于各种高聚物是由其各种小分子单体构成的，因此对高聚物的光谱解析，必须对基团的光谱和各种高聚物所特有的光谱非常熟悉，同时对各种高聚物的结构也要非常了解，这样在观察到有关光谱信息后才能与对应的高聚物结构迅速联系起来。这就要求我们熟记各种高聚物的特征吸收谱带。为了便于查找和记忆，通常把常用的高聚物光谱按最强吸收谱带位置分为如下 6 个区域：Ⅰ区最强吸收带在 $1800 \sim 1700 \ cm^{-1}$。主要是聚酯类、聚羧酸类和聚酰亚胺等高聚物；Ⅱ区最强吸收带在 $1700 \sim 1500 \ cm^{-1}$，主要是聚酰胺类高聚物；Ⅲ区最强吸收带在 $1500 \sim 1300 \ cm^{-1}$，主要是饱和聚烃基和一些具有极性基团取代的聚烃类；Ⅳ区最强吸收带在 $1300 \sim 1200 \ cm^{-1}$，主要是芳香族聚醚类、聚砜类和一些含氯的高聚物；Ⅴ区最强吸收带在 $1200 \sim 1000 \ cm^{-1}$，主要是脂肪族的聚醚类、醇类和含硅、含氟高聚物；Ⅵ区最强吸收带在 $1000 \sim 600 \ cm^{-1}$，主要是含有取代苯、不饱和双键和一些含氯的高聚物。应用以上的分类来综合分析样品高聚物的红外光谱图。

在聚苯乙烯结构中，除了亚甲基（—CH_2）外，还有次甲基（—CH—），苯环上不饱和碳氢基团（—CH）和碳碳骨架（C—C）。因此，聚苯乙烯基本振动形式还有：苯环上不饱和碳氢基团伸缩振动（$3000 \sim 3100 \ cm^{-1}$），次甲基伸缩振动（$2955 \ cm^{-1}$），苯环骨架振动（$1450 \sim 1600 \ cm^{-1}$），苯环上不饱和碳氢基团面外弯曲振动（$770 \sim 730 \ cm^{-1}$、$710 \sim 690 \ cm^{-1}$）等。

三、实验方法

1. 仪器与试剂

（1）仪器

WQF-520A 型 FTIR 分光光度计。

（2）试剂

聚苯乙烯薄膜。

2. 实验步骤

测绘聚苯乙烯的红外吸收光谱，将聚苯乙烯薄膜展平并铺于固体样品架上，将样品架插入外光谱仪的样品池处，设置适宜的仪器运行参数，在 $4000 \sim 600 \ cm^{-1}$ 内进行扫描，测绘样品的红外吸收光谱。扫描结束后，取下样品夹，取出薄片，将模具、样品架等擦净收好。

解析聚苯乙烯红外吸收光谱图，指出各谱图上主要吸收峰的归属。

五、思考题

（1）对于小的高聚物材料，很难研磨成细小的颗粒，采用什么制样方法比较好？
（2）试样含有水分及其他杂质时，对红外吸收光谱分析有何影响？如何消除？
（3）红外分光光度计与紫外-可见分光光度计在光路设计上有何不同？为什么？

实验 8-2　红外光谱法测定有机化合物结构

一、实验目的

（1）掌握用压片法制作固体试样的方法。
（2）学习用红外吸收光谱进行化合物的定性分析。

二、实验原理

红外光谱定性分析，一般采用先初步解析，后验证的方法。

红外光谱初步解析的定性依据是官能团的存在与吸收峰的存在（位置）相对应。根据所测绘的样品红外吸收光谱按谱带检索，解析其中主要吸收峰归属的官能团，鉴别出组分有哪些官能团存在；再根据官能团确定未知组分可能的结构。通过初步解析后，再进行验证，以确定定性是否正确。

验证方法有两种：一是用已知标准物对照，二是标准谱图查对法。

（1）已知物对照应有标准品和被检物在完全相同的条件下，分别绘出其红外光谱进行对照，谱图相同，则肯定为同一化合物。

（2）标准谱图查对法是一个最直接、可靠的方法。根据待测样品的来源、物理常数、分子式以及谱图中的特征谱带、查对标准谱图来确定化合物。常用标准谱图集为萨特勒（Sadtler）红外光标准谱图集。

在用未知物谱图查对标准谱时，必须注意：

（1）比较所用仪器与绘制的标准谱图在分辨率与精度上的差别，可能导致某些峰的细微结构有差别。

（2）未知物的测绘条件一致，否则谱图会出现很大差别。当测定溶液样品时，溶剂的影响大，必须要求一致，以免得出错误结论。若只是浓度不同，只会影响峰的强度，而每个峰之间的相对强度是一致的。

（3）必须注意引入杂质吸收带的影响。如 KBr 压片可能吸水而引入水的吸收带等，应尽可能避免杂质的引入。

综上所述，一般 IR 谱图的解析大致步骤如下：

（1）先从特征频率区入手，找出化合物所含主要官能团。

（2）后指纹区分析，进一步找出官能团存在的依据。因为一个基团常有多种振动形式，所以确定该基团就不能依靠一个特征吸收，必须找出所有的吸收带才行。

（3）对指纹区谱带位置、强度和形状的仔细分析，确定化合物的官能团及可能的结构。

（4）对照标准谱图、已知标准物对照，或配合其他鉴定手段综合解析，进一步验证。

实验时可选固体和液体样品，经制样后绘制红外光谱，先初步解析再验证定性。要求样品纯度>98%，且不含水。同时应了解样品的来源、性质（沸点、熔点、折光率、旋光度等）、化合物类型，并通过元素分析确定化合物的元素组成，给出其分子式，计算不饱和度；这些均可作光谱解析的旁证。验证时须验证不饱和度一致，与萨特勒纯化合物标准红外光谱对照一致，或与标样对照红外光谱一致，或配合其他鉴定手段进一步综合解析，才能定性确认未知物综合解析为何物质，并写出其结构式。

三、实验方法

1. 仪器与试剂

（1）仪器

WQF-520A 型 FTIR 分光光度计，手压式压片机（包括压片模具等），玛瑙研钵。

（2）试剂

KBr，无水乙醇，苯甲酸等。

2. 实验步骤

（1）制样　取样品（已干燥）1~2 mg，在玛瑙研钵中充分磨细后，再加入 200 mg 干燥的 KBr，继续研磨至完全磨细混匀，颗粒大小约为 2 μm 直径。将磨好的物料加入压片专用模具中（13 mm），铺匀，合上模具置油压机上，先抽气约 2 min 以除去混在粉末中的湿气和空气，再边抽气边加压至 8 MPa，保压时间 2 s。取出压成透明薄片状的物料，装入样品夹待测。

（2）样品红外光谱的测绘　将制备的样品片置分光光度计样品池处，设置适宜的仪器运行参数，在 4000~600 cm^{-1} 内进行扫描，测绘样品的红外吸收光谱。扫描结束后，取下样品夹，取出薄片，将模具、样品架等擦净收好。

四、实验数据处理

红外吸收光谱定性分析：① 初步解析测绘的样品红外谱图，找出主要中强吸收峰的归属，确定官能团和分子结构；② 验证：与已知标准谱图进行对照比较，或与标准样进行对照比较。

五、思考题

（1）压片法制样时，为什么要求研磨到颗粒粒度在 2 μm 左右？

（2）研磨时不在红外灯下操作，谱图上会出现什么情况？

六、注意事项

（1）在压片制样过程中，应注意物料必须磨细并混匀，加入模具中需均匀平整，否则不易获得均匀透明的压片。

（2）KBr 极易受潮，因此制样操作应在低湿度环境中或在红外灯下进行。

（3）固体样品经研磨（在红外灯下）后仍应随时注意防止吸水，否则压片易粘在模具上。

（4）抽气压力、时间应合适。

（5）及时清洗模具。

实验 8-3　红外光谱法测定车用汽油中的苯含量

一、实验目的

（1）进一步掌握红外光谱定量分析技术。

（2）熟悉红外光谱法定量的过程。

（3）了解车用汽油中苯含量测定的红外光谱标准方法。

二、实验原理

红外光谱定量分析是通过对特征吸收谱带强度的测量来求出组分含量。其理论依据是朗伯-比尔定律。由于红外光谱的谱带较多，选择的余地大，所以能方便地对单一组分和多组分进行定量分析。此外，该法不受样品状态的限制，能定量测定气体、液体和固体样品。因此在环境、医药等诸多领域应用广泛。但红外光谱法定量灵敏度较低，尚不适用于微量组分的测定。

苯是一种有毒化合物，利用汽油中苯的含量有助于评价汽油使用过程中对人体的伤害。本实验用红外光谱法测定车用汽油中苯的含量。由于汽油中有甲苯干扰测定，需要对结果进行校正。

三、实验方法

1. 仪器与试剂

（1）仪器

WQF-520A 型 FTIR 分光光度计，溴化钾窗片，样品架，液体池。

（2）试剂

苯，甲苯，异辛烷或正庚烷，车用汽油样品。

2. 实验步骤

（1）标准溶液的配制

① 苯标准溶液：移取一定量的苯于 100 mL 容量瓶中，用不含苯的汽油稀释至刻度，摇匀，备用。标准溶液的浓度为 1%，2%，3%，4%，5%（体积分数）。

② 甲苯标准溶液：准确取 2.00 mL 甲苯于 10 mL 容量瓶中，用正庚烷或异辛烷稀释至刻度，备用。

（2）工作曲线的绘制

测定甲苯的校正系数：用微量注射器准确取 100 μL 甲苯标准溶液，扫描 400 ~ 690 cm^{-1} 内的红外谱图，分别用 460 cm^{-1}（甲苯特征吸收峰）和 673 cm^{-1}（苯特征吸收峰）的峰面积减去基线 500 cm^{-1} 的峰面积，得到相应波数的净峰面积。甲苯的校正系数等于 673 cm^{-1} 和 460 cm^{-1} 的净峰面积之比。

用微量注射器准确取 100 μL 苯标准溶液，扫描 400 ~ 690 cm^{-1} 内的红外谱图，测定如下波数的峰面积：673 cm^{-1}，460 cm^{-1} 以及 500 cm^{-1}，并计算校正后的苯的峰面积（$A_{校正} = A_{673} - A_{460} \times$ 甲苯校正系数）。

标准曲线的绘制：用苯标准液浓度对校正后的苯峰面积作图，得到标准曲线。

（3）样品测定

测定未知样品的谱图，并计算待测样品中苯的浓度。

四、实验数据处理

填入表 8-1。

表 8-1　数据记录表

测定内容	峰面积			校正系数 (A_{673}/A_{460})
甲苯校正系数	673 cm^{-1}	460 cm^{-1}	500 cm^{-1}	

	浓度/%	峰面积			
		673 cm^{-1}	460 cm^{-1}	500 cm^{-1}	苯校正峰面积
苯标准溶液	1				
	2				
	3				
	4				
	5				
待测样品					

五、思考题

（1）峰面积校正的原理是什么？
（2）如何选取红外定量分析中的分析峰？

六、注意事项

（1）样品池需用异辛烷或类似溶剂进行洗涤，并真空干燥。
（2）所有测试在室温条件下进行，装样时要避免形成气泡。
（3）由于湿气对本实验有影响，所以测定过程中要避免样品吸湿。

8.3　仪器部分

8.3.1　仪器组成与结构

经典红外光谱法是红外光源发出混合光，经过单色器得到各种波长的单色光，将单色光依次通过试样时，测定并记录它们对应的透过率（这过程称为扫描）得到红外光谱。这种连续波扫描的方法，在任何一个时间里，仪器只检测一个波长的透过率，扫描一次需十几分钟。

20 世纪 70 年代发展起来的傅里叶变换红外光谱仪（Fourier transform infrared spectrometer，FTIR）具有快速、高分辨率和高灵敏度的优点，是目前红外光谱仪的主导仪器类型。FTIR 与经典色散型仪器的工作原理有很大不同，其工作原理如图 8-1 所示。光源发出红外辐射，经干涉仪转变成干涉图，通过试样后得到含试样信息的干涉图，由电子计算机采集，并经过快速傅里叶变换，得到吸收强度或透光度随频率或波数变化的红外光谱图。傅里叶变换红外分光光度计不用狭缝和分光系统，消除了狭缝对光谱能量的限制，光能的利用率大大提高，使仪器具有测量时间短、高通量、高信噪比、高分辨率的特性。FTIR 主要由光源、迈克尔逊（Michelson）干涉仪、探测器和计算机等组成。其核心部分是迈克尔逊干涉仪，图 8-1 是它的光学示意和工作原理图。

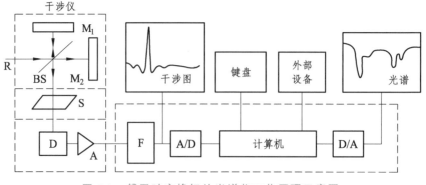

图 8-1　傅里叶变换红外光谱仪工作原理示意图

图中 M_1 和 M_2 为两块平面镜，它们相互垂直放置，其中 M_1 固定不动，为固定镜；M_2 则可沿图示方向做微小的移动，称为动镜。在 M_1 和 M_2 之间放置呈 45°的半透膜光束分裂器 BS 可使 50%的入射光透过，其余部分被反射。当光源发出的入射光进入干涉仪后，被光束分裂器分成两束光——透射光 I 和反射光 II，其中透射光 I 穿过 BS 后被动镜 M_2 反射，沿原路回到 BS 并被反射到达探测器 D；反射光 I 则由固定镜 M_1 沿原路反射回来通过 BS 到达 D。这样，在探测器 D 上所得到的 I 光和 I 光是相干光。移动可动镜 M_2 可改变两光束的光程差。在连续改变光程差的同时，记录下中央干涉条纹的光强变化，即得到干涉图。如果在复合光的相干光路中放入样就得到样品的干涉图。通过计算机进行傅里叶变换后就能得到红外光谱图。

8.3.2 WQF-520A 型 FT-IR 操作规程

1. 操作步骤

（1）开机：打开红外主机后，再打开计算机，预热仪器 30 min。

（2）主程序参数设置：点击"MainFTOS"，进入主程序，选择窗口顶部"光谱采集"中"设置仪器运行参数"，进入设置对话框设置参数：选择采样分辨率=4，显示分辨率=4，信号增益=2，扫描速度=20，点击"设置并退出"。

（3）样品测试：

测试样品前，先点击"光谱采集"中"采集仪器本底"，设置好文件名称和保存路径，选择"开始采集"采集仪器本底。

放好样品，点击"光谱采集"中"采集透过率光谱"或"采集吸光度光谱"，设置好文件名称和保存路径后，选择"开始采集"进行测试，获得扣除本底的样品红外吸收谱图。

（4）标峰与打印：

点击 MainFTOS "文件"中"打印谱图"，弹出谱图处理窗口，最大化该窗口，点击"文件"中"打开"，选择刚扫描的样品红外谱图文件，打开谱图。

点击"使用标峰线"，出现标峰线，拖动鼠标到标峰线上出现拉线图标后，点住左键拉动标峰线标峰，将所有中强峰一次性全部标注完（也可在需要标峰的位置单击鼠标右键，选择"当前位置标峰"标注）。并用左键拖动标注的波数数据至合适位置；打印在"文件"中"打印预览"里设置"横向打印"，点击"打印"完成。

（5）测试完毕后，关闭软件和主机，同时盖上遮布。

2. 注意事项

（1）工作环境相对湿度小于 60%；

（2）样品压片时，压力 8 MPa，保压时间 2 s。

9 分子荧光光谱法

9.1 分子荧光光谱法基本原理

9.1.1 荧光的产生

当分子受光照射时，分子吸收辐射能成为激发态分子，不稳定的激发态分子回到基态时以光的形式释放能量，所发射的光被称为荧光，测量荧光的波长和强度，进行物质的定性分析或定量分析的方法叫作分子荧光光谱法（Molecular Fluorescence Spectroscopy）。分子荧光光谱法具有激发光谱和荧光光谱多个参数表征，灵敏度高、选择性好、方法简便、线性范围宽和样品量少等优点，被广泛应用于生命科学、医学、药学、环境科学等领域。

多数分子在常温时，处在基态最低振动能级，而基态分子中偶数电子成对存在于分子轨道中，同一轨道中两电子的自旋方向相反，净电子自旋为零（$S=0$），多重态 $M=1$（$M=2$）。自旋方向相同的基态电子称为基态单重态，以 S_0 表示。当吸收一定频率的光辐射发生能级跃迁，可跃迁至不同激发态的各振动能级，其中大部分分子上升到第一激发单重态（S_1）。这一过程称为激发，约需要 10^{-15} s。当基态分子中的一个电子被激发至较高能级的激发态时，若基态和激发电子的自旋方向相反（$S=0$），这种激发态称为激发单重态。第一、第二激发单重态，分别以 S_1、S_2 表示。若基态和激发电子自旋方向相同（$S=1$），多重态 $M=3$，这种激发态称为激发三重态，以 T_1、T_2 表示。

处于激发态的分子，通过无辐射去活，将多余的能量转移给其他分子或激发态分子内的振动或转动能级后，回至第一激发态单重态的最低振动能级，然后再以发射辐射的形式去活，跃迁回至基态各振动能级，发射出荧光。荧光辐射能比激发能量低，荧光波长大于激发波长。荧光发射时间为 $10^{-9} \sim 10^{-7}$ s，多为 $S_1 \rightarrow S_0$ 跃迁。当第一激发单重态与三重态之间发生振动耦合，以无辐射方式去活，回到最低三重态，然后以发射辐射的形式去活，跃迁回基态时，便发射出磷光，磷光辐射能比荧光辐射能量低，磷光波长大于荧光波长，磷光发射时间为 $10^{-4} \sim 10$ s，多为 $T_1 \rightarrow S_0$ 跃迁，如图 9-1 所示。

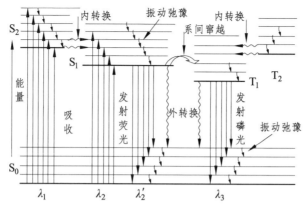

图 9-1　分子的激发与失活过程

9.1.2　荧光光谱

分子对光的吸收具有选择性，因此不同波长的入射光就具有不同的激发效率。如果固定荧光的发射波长（通常固定在最大发射波长处），不断改变激发光（即入射光）波长，以所测得的该发射波长下的荧光强度对激发光波长作图，即得到荧光化合物的激发光谱。如果使激发光的强度和波长固定不变（通常固定在最大激发波长处），测定不同发射波长下的荧光强度，即得到发射光谱，也称为荧光光谱。

9.1.3　荧光的影响因素

分子结构和化学环境是影响物质发射荧光及其荧光强度的重要因素。有芳香烃环或者多个共轭双键的有机化合物容易产生荧光，刚性分子易产生荧光。饱和或只有一个双键的化合物不呈现显著荧光。取代基的性质对荧光体的荧光特性和强度也有强烈的影响，通常给电子基团如—NH_2、—OH、—OCH_3、—$NHCH_2$，会使荧光增强；吸电子基团如—Cl、—Br、—I、—NO_2、—$COOH$，会使荧光减弱。大多数金属无机盐类金属离子无荧光，但某些金属配合物却能产生强的荧光。

除物质本身结构的影响外，分子的荧光强度还与其他所处的环境有关，如溶剂的种类、温度、pH 等。一般荧光峰的波长随着溶剂极性的增大而向长波方向移动，这可能是由于在极性大的溶剂中，荧光物质与溶剂的静电作用显著，从而稳定了激发态，使荧光波长发生红移。当荧光物质与溶剂发生氢键作用或化合作用，或溶剂使荧光物质的解离状态发生改变时，荧光峰的位置和强度也会发生很大改变；大多数荧光物质随着温度的增高，荧光强度降低，这是因为在较高温度下，分子的内部能量有发生转化的倾向，且溶质分子与溶剂分子的碰撞频率增大，非辐射跃迁的概率增加；当荧光物质为弱酸弱碱时，溶液 pH 的改变将对荧光强度和荧光光谱产生很大影响，这是因为荧光物质的分子和它们的离子在电子构型上有所不同。例如，苯胺在 pH 7 ~ 12 的溶液中以分子形式存在，会发蓝色荧光；而在 pH>13 或 pH<2 时，以离子形式存在，不发荧光。

荧光分子与溶剂或其他溶质分子之间相互作用，使荧光强度减弱的现象称为荧光猝灭。引起荧光强度减弱的物质称为猝灭剂。当荧光物质浓度过大时，会产生自猝灭现象。

9.2　实验内容

实验 9-1　奎宁的荧光特性探究

一、实验目的

（1）掌握荧光分光光度计的结构和操作流程。

（2）学习测绘奎宁的激发光谱和荧光光谱。

（3）了解溶液的 pH 和卤化物对奎宁荧光的影响。

二、实验原理

奎宁（结构如下）在稀酸溶液中是强的荧光物质，它有两个激发波长（250 nm 和 350 nm）荧光发射峰。奎宁的荧光强度随着溶液酸度的改变，发生明显改变。除了酸度对它有显著的影响外，卤素等重原子也对其荧光强度有明显的猝灭作用。

三、实验方法

1. 仪器与试剂

（1）仪器

CRT970XP 荧光分光光度计，石英比色皿，容量瓶（1000 mL 2 只、250 mL 1 只、50 mL 10 只），10 mL 移液管 1 支。

（2）试剂

① 奎宁储备液（100.0 μg/mL）：120.7 mg 硫酸奎宁二水合物中加入 50 mL 1 mol/L 的硫酸溶解，并用去离子水定容至 1000 mL。将此溶液稀释 10 倍，得到 10.00 μg/mL 奎宁标准溶液。

② 0.05 mol/L 溴化钠溶液。

③ B-R 缓冲溶液（pH 值为 1.0、2.0、3.0、4.0、5.0）。

2. 实验步骤

（1）pH 与奎宁荧光强度的关系

取 6 只 50 mL 容量瓶，分别加入 10.00 μg/mL 奎宁溶液 4.00 mL，并分别用 pH 为 1.0、2.0、3.0、4.0、5.0 的缓冲溶液稀释至刻度（有 1 只未加缓冲溶液），摇匀。绘制 6 个溶液荧光激发光谱和发射光谱，在选定的激发和发射波长处测定溶液的荧光强度。

（2）卤化物猝灭奎宁荧光强度实验

分别取 10.00 μg/mL 奎宁溶液 4.00 mL 置于 5 个 50 mL 容量瓶中，分别加入 0.05 mol/L 溴化钠溶液 1、2、4、8、16 mL，用 0.05 mol/L 硫酸溶液稀释至刻度，摇匀。测量它们的荧光强度。

四、实验数据处理

（1）记录不同 pH 下奎宁的荧光波长及强度，填入表 9-1。

表 9-1　不同 pH 下奎宁的荧光波长及强度

缓冲 pH	1	2	3	4	5	未加
激发波长/nm						
发射波长/nm						
荧光强度						

以荧光强度为纵坐标、溶液 pH 为横坐标作图，并探讨奎宁荧光强度与 pH 的关系。

（2）记录加入不同浓度的溴化钠溶液后奎宁的荧光强度，填入报表 9-2。

表 9-2　加入不同浓度的溴化钠溶液后奎宁的荧光强度

溴化钠浓度/mol·L^{-1}	0	1	2	4	8	16
荧光强度						

以荧光强度为纵坐标、溴离子浓度为横坐标作图，并解释结果。

五、思考题

（1）能用 1 mol/L 盐酸代替 1 mol/L 硫酸溶液吗？为什么？
（2）从本实验总结出影响荧光强度的因素。

六、注意事项

使用石英皿时，应手持其棱，不能接触光面，用完后将其清洗干净。

实验 9-2　分子荧光法测定药物中盐酸左氧氟沙星含量

一、实验目的

（1）进一步熟悉荧光分光光度计的结构和操作流程。

（2）掌握荧光分光光度法测定药物含量的原理及基本方法。

二、实验原理

盐酸左氧氟沙星为喹诺酮类药物是目前治疗感染性疾病的主要药物，具有抗菌谱广、抗菌效力强、安全性较大、疗效价格比高等优点。左氧氟沙星（结构如下）在酸性溶液中有荧光产生，在激发波长 367 nm 下，最大荧光发射在 503 nm，在低浓度时，荧光强度与荧光物质浓度成正比。采用标准曲线法，即以已知量的标准物质，经过和试样同样处理后，配制一系列标准溶液，测定这些溶液的荧光后，用荧光强度对标准溶液浓度绘制标准曲线，再根据试样溶液的荧光强度，在标准曲线上求出试样中荧光物质的含量。

三、实验方法

1. 仪器与试剂

（1）仪器

CRT970XP 荧光分光光度计。

（2）试剂

盐酸左氧氟沙星对照品（储备液 0.10 mg/mL），盐酸左氧氟沙星片，0.50 mol/L HAc 溶液，0.01 mol/L HCl 溶液。

2. 实验步骤

（1）氧氟沙星荧光光谱绘制

将 0.50 mg/L 盐酸左氧氟沙星标准溶液装入比色皿中，放入荧光光度计样品室，扫描其激发光谱和发射光谱。

（2）标准曲线制作

精密量取储备液（0.10 mg/mL）0.00、0.50、1.00、1.50、2.00 mL，分别置于 5 个 100 mL 容量瓶中，加入 0.50 mol/L HAc 溶液至刻度，摇匀。其浓度相当于 0、0.50、

1.00、1.50、2.00 mg/L。分别依次将上述标液装入比色皿中，放入荧光光度计样品室，在 E_x=367 nm，E_m=503 nm 处测定荧光强度，并建立标准曲线。

（3）盐酸左氧氟沙星片含量测定

精密称取(0.0500±0.0004)g 盐酸左氧氟沙星的粉末，置于 100 mL 烧杯中，加 0.01 mol/L HCl 溶液 10 mL，充分搅拌溶解后，转移至 100 mL 容量瓶中，加水稀释至刻度，摇匀。静置后干过滤。

精密量取滤液 0.50 mL 置于 100 mL 容量瓶中，用 0.5 mol/L HAc 定容至刻度，摇匀。在 E_x=367 nm，E_m=503 nm 处测定荧光强度，根据标准曲线计算盐酸左氧氟沙星片中盐酸左氧氟沙星的含量。

四、实验数据处理

绘制荧光强度对盐酸左氧氟沙星溶液浓度的标准曲线，并由标准曲线确定未知试样的浓度，计算药片中的盐酸左氧氟沙星的含量。

五、思考题

（1）为什么测量荧光必须和激发光的方向成直角？
（2）应如何确定被测物的激发和发射波长？
（3）试比较荧光法与紫外-可见分光光度法的分析性能。

六、注意事项

（1）荧光分析是高灵敏度分析方法，实验中应注意保持器皿洁净，溶剂纯度应为分析纯，实验用水需要使用二次重蒸水。应注意杂质对荧光的影响。

（2）在测试样品时，应注意样品的浓度不能太高，否则由于存在荧光自猝灭效应，样品浓度与荧光强度不呈线性关系，造成定量工作出现误差。

实验 9-3　蔬菜、水果及其制品中总抗坏血酸的测定

一、实验目的

（1）掌握荧光法定量测定抗坏血酸的含量的原理与方法。
（2）进一步熟悉荧光分光光度计的基本操作。
（3）了解采用荧光分析法的相关国家标准。

二、实验原理

样品中还原型抗坏血酸被氧化为脱氢抗坏血酸后，与邻苯二胺（o-Phenylenediamine，OPD）反应生成有荧光的喹喔啉（Quinoxaline）（反应方程式如下），其荧光强度与脱

氢抗坏血酸的浓度在一定条件下成正比。以此测定食物中抗坏血酸和脱氢抗坏血酸的总量。脱氢抗坏血酸与硼酸可形成复合物而不与 OPD 反应，以此排除样品中荧光杂质产生的干扰。本方法最小检出限 0.022 μg/mL。

邻苯二胺　　　　脱氢抗坏血酸　　　　喹喔啉

该方法参照采用国际标准 ISO 6557-1：1986《水果、蔬菜及其制品维生素 C 的测定》。

三、实验方法

1. 仪器与试剂

（1）仪器

CRT970XP 荧光分光光度计。

（2）试剂

① 偏磷酸-乙酸溶液：称取 15 g 偏磷酸，加入 40 mL 冰醋酸及 250 mL 水，加温，搅拌，使之逐渐溶解，冷却后加水至 500 mL。

② 0.15mol/L 硫酸：取 10 mL 硫酸，小心加入水中，再加水稀释至 1000 mL。

③ 偏磷酸-乙酸-硫酸溶液：以 0.15 mol/L 硫酸为稀释液，其余同①配制。

④ 50%乙酸钠溶液：称取 500 g 乙酸钠，加水至 1000 mL。

⑤ 硼酸-乙酸钠溶液：称取 3 g 硼酸，溶于 100 mL 乙酸钠溶液④中。

⑥ 邻苯二胺溶液：称取 20 mg 邻苯二胺，使用前用水稀释至 100 mL。

⑦ 抗坏血酸标准溶液（1 mg/mL）：准确称取 50 mg 抗坏血酸，用溶液①溶于 50 mL 容量瓶中，并稀释至刻度。

⑧ 抗坏血酸标准溶液（100 μg/mL）：取 10 mL 抗坏血酸标准液，用偏磷酸-乙酸溶液稀释至 100 mL。定容前测定 pH，如其 pH>2.2 时，则用溶液③稀释。

⑨ 活性炭的活化：加 200 g 炭粉于 1 L (1+9) 盐酸中，加热回流 1~2 h，过滤，用水洗至滤液中无铁离子为止，置于烘箱中干燥，备用。

2. 实验步骤

（1）样品溶液的制备

称取 100 g 样品，加入 100 g 偏磷酸-乙酸溶液，倒入捣汁机内打成匀浆，用百里酚蓝指示剂调试匀浆酸碱度。若呈红色，即可直接用偏磷酸-乙酸溶液稀释；若呈黄色或蓝色，则用偏磷酸-乙酸-硫酸溶液稀释，使其 pH=1.2。匀浆的取量需根据样品中抗坏血酸的含量而定。当样品液含量在 40~100 μg/mL，一般取 20 g 匀浆，用偏磷酸-乙酸溶液稀释至 10 mL。过滤，滤液备用。

（2）氧化处理

分别取上述已处理的样品滤液及抗坏血酸标准溶液各 10 mL 于 200 mL 带盖三角瓶中，加 2 g 活性炭，用力振摇 1 min，过滤，弃去最初数毫升滤液，分别收集其余全部滤液，即样品氧化液和标准氧化液，待测定。

（3）标准及空白溶液配制

各取 10 mL 样品氧化液于 2 个 100 mL 容量瓶中，分别标明"样品"及"样品空白"。于"标准空白"及"样品空白"溶液中各加 5 mL 硼酸-乙酸钠溶液，混合摇动 15 min，用水稀释至 100 mL。于"样品"及"标准"溶液中各加入 5 mL 50%乙酸钠液，用水稀释至 100 mL，备用。

（4）荧光反应及强度的测定

取上述"标准"溶液（抗坏血酸含量 10 μg/mL）0.5 mL、1.0 mL、1.5 mL 和 2.0 mL 标准系列，分别置于 10 mL 带盖比色管中，迅速向各管中加入 5 mL 邻苯二胺溶液，定容至 10 mL。振摇混合，在室温下反应 35 min，于激发光波长 338 nm、发射光波长 420 nm 处测定荧光强度。取（3）中"标准空白"溶液、"样品空白"溶液及"样品"溶液各 2 mL，分别置于 10 mL 带盖比色管中，按标准溶液同样处理后进行测定。

四、实验数据处理

填入表 9-3 中。

表 9-3 标准溶液和样品荧光强度

溶液	标准溶液 1	标准溶液 2	标准溶液 3	标准溶液 4	标准空白	样品空白	样品
溶液浓度/μg·mL^{-1}							
荧光强度 F							
$F_{标}-F_{标空}$							

以标准液荧光强度分别减去标准空白荧光强度为纵坐标、对应的抗坏血酸含量为横坐标，绘制标准曲线，按下列公式计算样品中抗坏血酸及脱氢抗坏血酸总含量。

$$X = \frac{cV}{m} \times N \times \frac{100}{1000}$$

式中　X——样品中抗坏血酸及脱氢抗坏血酸总含量，mg/100 g；

　　　c——由标准曲线查得或由回归方程算得样品溶液浓度，μg/mL；

　　　m——试样质量，g；

　　　N——样品溶液的稀释倍数；

　　　V——荧光反应所用试样体积，mL。

五、思考题

（1）抗坏血酸标准溶液为什么要现配现用？

（2）本实验如何消除样品中其他荧光杂质产生的干扰？

（3）查阅文献看还有什么方法能测定蔬菜、水果及其制品中总抗坏血酸含量，并对不同方法的优缺点进行比较。

9.3　仪器部分

9.3.1　仪器组成与结构

荧光光度计是用于扫描荧光物质所发出的荧光光谱的一种仪器。其能提供包括激发光谱、发射光谱以及荧光强度、量子产率、荧光寿命、荧光偏振等许多物理参数，从各个角度反映了分子的成键和结构情况。通过对这些参数的测定，不但可以做一般的定量分析，而且还可以推断分子在各种环境下的构象变化，从而阐明样品分子结构与功能之间的关系。荧光分光光度计主要由光源、单色器（滤光片或光栅）、样品池和检测器组成，如图 9-2 所示。

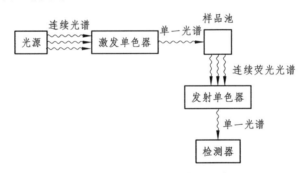

图 9-2　荧光分光光度计结构

由光源发出的光经激发单色器分光后得到所需波长的激发光，然后通过样品池使荧光物质激发产生荧光。荧光是向四面八方发射的。为了消除入射光和散射光的影响，荧光的测量通常在与激发光成直角的方向上进行。同时，为了消除溶液中可能共存的其他光线的干扰（如由激发光所产生的反射光和散射光以及溶液中的杂质荧光等），以获得所需要的荧光，在样品池和检测器之间设置了发射单色器。经过发射单色器的荧光作用于检测器上，转换后得到相应的电信号，经放大后再记录下来。

（1）光源：目前大部分荧光分光光度计都采用高压氙灯作为光源。这种光源是一种短弧气体放电灯，外套为石英，内充氙气，室温时其压力为 506.5 kPa，工作时压力约为 2026 kPa。氙灯需要用优质电源，以便保持氙灯的稳定性和延长其使用寿命。

（2）单色器：荧光分光光度计有两个单色器：激发单色器和发射单色器。前者用于荧光激发光谱的扫描及选择激发波长，后者用于扫描荧光发射光谱及分离荧光发射波长。

（3）样品池：荧光分析用的样品池需用弱荧光的材料制成，通常用石英制成。形状以方形或长方形为宜。玻璃样品池因能吸收波长短于 320 nm 的射线而不适用于荧光分析。

（4）检测器：荧光分光光度计中普遍采用光电倍增管作为检测器。

9.3.2　CRT970XP 荧光分光光度计操作规程

1. 操作步骤

（1）开机：打开氙灯开关，氙灯点亮 5 s 后，依次打开主机开关、打印机电源和计算机电源，点击"开始"→"程序"→"970 荧光分度计"。软件自检。

（2）信噪比测试：用于测试仪器的信噪比和信号的稳定性，首先设置扫描参数（灵敏度、EM 和 EX 狭缝的大小、扫描速度等）。按"测试"按钮，就可以自动完成信噪比的测试。如果在测试过程中不需要测试，可以按"停止"按钮，终止测试。"打印"按钮是把测试结果打印出来（首先需要安装打印机，并设置为默认打印机）。

（3）谱图的扫描：首先需要设置扫描参数，按"扫描"按钮。"重叠显示"的意思是在一个画布上显示多条扫描谱图曲线，但必须保持扫描参数中扫描的起始波长和终止波长不变。扫描的谱图可以打印、保存。扫描结束后，点击"扣本底"按钮，可以减掉背景噪声。用"放大倍数"，可以使曲线放大。

初始化后进入操作界面。将待测溶液装入比色皿，放置于放入试样室，将拉盖拉好。用鼠标点击屏幕开始菜单的"定性分析"，再点击"谱图扫描"→"参数设定"→"扫描范围"，然后点击"确定"→"开始扫描"。扫描结束后，点"保存"，设定需保存谱图的文件名后，再点"保存"或键盘上的"Enter"键退出。

（4）谱图分析：在"谱图分析"中是做谱图的定性分析，相同的扫描参数，不同样品的扫描图片的比较；谱图的波峰和波谷，谱图的加、减、乘、除。谱图的数据能导出成各种不同格式的文件或图像（Excel 文件、文本文件、位图、jpg 图像、gif 图像等）。在进行谱图的运算时，扫描的参数（主要是波长的扫描范围）必须一致。

（5）样品的定量分析：包括曲线方程的拟合和样品浓度测试。

① 曲线拟合是用标准样品进行仪器的定标。一般用几个已知浓度的样品（一般不少于 5 个），然后分别测试样品的荧光值。把浓度值和荧光值添加到列表中。如果已知样品的浓度和荧光值，可以直接输入已知的值，并添加到列表中。按"拟合"按钮，会得到拟合曲线并显示在右边的图像上。在图像的上方显示拟合的曲线方程。在荧光值测试中可以根据需要，对本底值的处理，可以减去本底，也可以不进行处理。

曲线也可以导出成位图文件，是一个图片文件，很方便在其他地方使用。

② 样品浓度测试：只有得到拟合曲线的方程，才可以进行样品那段的测试。首先调入该样品种类的拟合曲线文件。然后测试样品得到荧光值，软件会根据拟合曲线方

程算出相应的浓度值。同样，测试的结果可以进行打印、保存。在荧光值测试中可以根据需要，对本底值的处理，可以减去本底，也可以不进行处理。

测试结果也可以导出文本文件，便于使用。

（6）扫描参数设置：设置各种扫描的扫描参数，如灵敏度、EM 和 EX 的狭缝大小、扫描的速度等。EM 扫描方式表示 EX 固定在某个波长下，EM 进行扫描，扫描的波长范围是起始到终止波长。EX 扫描方式表示 EM 固定在某个波长下，EX 进行扫描，扫描的波长范围是起始到终止波长。时间扫描和发光寿命扫描表示 EM 和 EX 处于固定的波长处，测试该状态下的荧光值随时间的变化。光门开、光门关的选择是表示扫描时光门是处于开着还是处于关闭状态。时间扫描时，最大扫描时间不超过 10 min。

（7）EM 和 EX 波长走到指定的波长：该功能是把 EX 和 EM 的波长走到指定的波长处，用于测试该扫描参数下的荧光值。输入好波长的数值后，按"确定"按钮，仪器会运行到该波长处。

（8）数据处理：点击"定性分析"→"谱图分析"→"打开谱图"，查找并点击保存的谱图文件名，点"选中"→"确定"，进入谱图分析功能，拉动指示线，对谱图的波长及其相对荧光强度进行具体分析，确定最佳激发光波长。依此操作步骤，可以设置最佳发射波长等参数，测绘、分析并打印荧光光谱。

（9）定量分析：根据波谱曲线分析确定的最佳激发波长和最佳发射波长等参数，设置合适的波长和测量方式。将待测溶液放入样品池即可进行测量。

（10）关机：实验完毕，依次关闭计算机、主机和氙灯。填写仪器使用记录。

2. **使用注意事项**

开关机顺序不能错，原因是氙灯启动时启动高压达到 800 V 以上，很容易将主机芯片击坏，导致无能量。

参考文献

[1] 朱明华. 仪器分析[M]. 5 版. 北京：高等教育出版社，2019.

[2] SKOOG D A, HOLLER F J, CROUCH S R. Principles of instrumental analysis[M]. 7th ed. Boston: Cengage learning, 2017.

[3] ROBINSON J W, FRAME E S, FRAME II G M. Undergraduate instrumental analysis[M]. 7th ed. Boca Raton: CRC Press, 2014.

[4] HARRIS D C. Quantitative chemical analysis[M]. 9th ed. New York: W. H. Freeman and Company, 2007.

[5] 廖戎，刘兴利. 基础化学实验[M]. 2 版. 北京：化学工业出版社，2022.

[6] 周明达. 现代分析化学实验[M]. 长沙：中南大学出版社，2012.

[7] 胡坪. 仪器分析实验[M]. 3 版. 北京：高等教育出版社，2016.

[8] 陈培榕，李景虹，邓勃. 现代仪器分析实验与技术[M]. 2 版. 北京：清华大学出版社，2012.

[9] 孟哲，李红英，戴小军，等. 现代分析测试技术及实验[M]. 北京：化学工业出版社，2019.

[10] 郭明，吴荣晖，李铭慧，等. 仪器分析实验[M]. 北京：化学工业出版社，2019.

[11] 王淑华，李红英. 仪器分析实验[M]. 北京：化学工业出版社，2019.

[12] 钱沙华，韦进宝. 环境仪器分析[M]. 北京：中国环境科学出版社，2004.

[13] 陈玲，郜洪文. 现代环境分析技术[M]. 2 版. 北京：科学出版社，2013.

[14] 彭红，吴红. 药物分析实验[M]. 2 版. 北京：中国医药科技出版社，2018.

[15] 孙立新. 药物分析实[M]. 北京：中国医药科技出版社，2012.

[16] 齐美玲. 气相色谱分析及应用[M]. 2 版. 北京：科学出版社，2018.

[17] 卡尔·哈曼. 电化学[M]. 2 版. 北京：化学工业出版社，2020.

[18] 邓勃. 实用原子光谱分析[M]. 2 版. 北京：化学工业出版社，2021.

[19] 晋卫军. 分子发射光谱分析[M]. 北京：化学工业出版社，2018.

[20] 孙悦. 原子荧光光谱的研究及应用进展[J]. 分析化学进展，2018，8（3）：137-145.

[21] 张晓凤，柏俊杰，曹坤，等. 现代仪器分析实验[M]. 重庆：重庆大学出版社，2020.

[22] 卢亚玲，汪河滨. 仪器分析实验[M]. 北京：化学工业出版社，2019.

附　录

附录 A　仪器分析实验室安全规则

1. 进入实验室前，必须穿实验服，把长发和松散的衣服妥善固定，严禁穿凉鞋、高跟鞋或拖鞋。

2. 严禁将食物或饮料带入实验室。

3. 实验室严禁吸烟（包括电子烟）。

4. 进行实验时，必须佩戴防护用具（防护口罩、防护手套、防护眼镜）。实验结束后要细心洗手。

5. 确认药品储存容器上标示中文名称是否为需要的实验用药品，看清楚药品危害标示和图样，确认是否有危害。

6. 使用挥发性有机溶剂、强酸强碱性、高腐蚀性、有毒性的药品必须在符合规范的通风设施进行操作。

7. 开始实验前，需仔细阅读和思考每项实验任务。了解所需使用化学品的性质、危害以及常规的保护措施。必须熟悉实验室及周围环境，如水阀、气阀、电闸、安全门的位置，灭火器及室外水源的位置。

8. 嗅闻物体气味时应扇动一些物质的蒸气到鼻孔，严禁将鼻孔靠近容器的敞口直接嗅闻。

9. 严禁直视试管、烧瓶等容器的开口端，应从侧面观察容器中的物质。

10. 若将药品溅洒在皮肤或衣物上，应先用大量清水冲洗溅洒部位，同时脱去污染的衣服；眼睛受到化学灼伤或者异物入眼，应立即使用洗眼器冲洗，至少持续15分钟；如烫伤，可在烫伤处抹烫伤软膏。严重者应立即送医院治疗。

11. 进行加热操作或剧烈反应时，实验人员不得离开。

12. 各种气体钢瓶用毕或临时中断，都应立即关闭阀门，若发现漏气或气阀失灵，应停止实验，立即检查并修复，待实验室通风一段时间后，再恢复实验。禁止实验室内存在火种。需要循环冷却水的实验，要随时监测实验进行过程，实验者不能随便离开，以免减压或停水发生爆炸和着火事故。

13. 实验所产生的化学废液应按有机、无机和剧毒等分类收集存放，严禁直接倒入下水道。

14. 使用电器设备时小心触电，不能用湿的手接触电闸和电器插头。

15. 使用精密仪器时，应严格遵守操作规程，使用完毕后按照关机流程关闭仪器及计算机。

16. 发生事故时沉着冷静，及时采取应急措施，如切断电源气源，并报告老师。

附录 B 常用表格

B1 气相色谱常用固定液

表 B1 气相色谱常用固定液

固定液	英文名称与代号	$T/°C$	涂渍用溶剂	麦氏常数	分析对象（参考）
1.角鲨烷	Squalane（SQ）	150	3，7	0	是非极性标准固定液，分离一般烃类及非极性化合物
2.阿皮松（真空润滑脂 L）	Apiezon（APL）	300	1，5	143～166	各类高沸点化合物
3.甲级硅油或甲基硅橡胶	methylsili coneoil（甲级硅油-1 等）	200～230	1，3，4	203～229	非极性或弱极性化合物
	methylsili cone gum（SE-30，OV-1 等）	300～350	1，3，4		
4.苯基（10%）甲基聚硅氧烷	phenyl-methyl polysiloxane（10%）OV-3 等	300	1，2，3，4	423	因引入苯基，芳烃的保留时间稍长
5.苯基（20%）甲基聚硅氧烷	OV-7 等	320	1，2，3，4	592	同上
6.邻苯二甲酸壬二酯	dinonyl phthalate（DNP）	150	1，2，5	～767	芳香、不饱和及含氧化合物
7.苯基（50%）甲基聚硅氧烷	OV-17 等	320	1	827～884	弱至中等极性化合物
8.苯基（60%）甲基聚硅氧烷	OV-22 等	300	1	1075	同上
9.三氟丙基（50%）甲基聚硅氧烷	trifluoropropylmethyl polysiloxane（QF-1 等）	250～275	1	1500～1520	沸点相近的烷烃与烯烃，芳烃与环烷烃，醇与酮，卤代物
10.β-氰乙基（25%）甲基聚硅氧烷	cyanoethyl-methyl polysiloxane（XE-60 等）	250	2	1785	除上述功能外，还能分离酚与苯、酚、醚，烃和硝基、氰基化合物

固定液	英文名称与代号	T/℃	涂渍用溶剂	麦氏常数	分析对象（参考）
11. 聚乙二醇-20M	cabowax 20M	200	1，2，3，5	2308	醇、酮、醛及含氧化合物等
12. 有机皂土	polyethylene glycol bentone-34	200	7		芳烃，对二甲苯异构体有高选择性
13.（聚）己二酸二己二醇酯	(poly) diethylene glycol adipate（DEGA or PDEGA）	250	1，2	2764	$C_1 \sim C_{24}$ 的脂肪酸甲酯
14.（聚）丁二酸二乙二醇酯	(poly) diethylene glgcol succinate（DEGS or PDEGS）	220	1	3430~3543	脂肪酸、氨基酸
15. 1,2,3-三(2-氰乙氧基)丙烷	1,2,3-tri(2-cyanoethoxy) propane（TCEP）	100	1，6，7	4145	含氧化合物的衍生物
16. β,β-氧二丙腈	β, β-oxydipr-opionrile（ODPN）	100	7		芳烃、含氧化合物等

说明：① 固定液的顺序按极性（麦氏常数值）由小到大排列。除 2、6、12 及 16 号固定液外，其他 12 个为优选固定液[J Chromatogr. Sci., 1973, 11(4): 201-206]
　　　② 每种固定液只列举有代表性的代号为例，国产固定液可参考选择。
　　　③ 涂渍固定液用溶剂代号：1—氯仿，2—丙酮，3—乙醚，4—苯，5—二氯甲烷，6—甲醇，7—甲苯。
　　　④ T 为固定液最高使用温度

B2　气相色谱相对质量校正因子（f）

表 B2　气相色谱的 f 值

物质名称	热导	氢焰	物质名称	热导	氢焰
一、正构烷			戊烷	0.88	0.96
甲烷	0.58	1.03	己烷	0.89	0.97
乙烷	0.75	1.03	庚烷*	0.89	1.00*
丙烷	0.86	1.02	辛烷	0.92	1.03
丁烷	0.87	0.91	壬烷	0.93	1.02

物质名称	热导	氢焰	物质名称	热导	氢焰
二、异构烷			五、芳香烃		
异丁烷	0.91		异丙苯	1.09	1.03
异戊烷	0.91	0.95	正丙苯	1.05	1.03
2,2-二甲基丁烷	0.95	0.96	联苯	1.16	0.99
2,3-二甲基丁烷	0.95	0.97	萘	1.19	
2-甲基戊烷	0.92	0.95	四氢萘	1.16	
3-甲基戊烷	0.93	0.96	六、醇		
2-甲基己烷	0.94	0.98	甲醇	0.75	4.35
3-甲基己烷	0.96	0.98	乙醇	0.82	2.18
三、环烷			正丙醇	0.92	1.67
环戊烷	0.92	0.96	异丙醇	0.91	1.89
甲基环戊烷	0.93	0.99	正丁醇	1.00	1.52
环己烷	0.94	0.99	异丁醇	0.98	1.47
甲基环己烷	1.05	0.99	仲丁醇	0.97	1.59
1,1-二甲基环己烷	1.02	0.97	叔丁醇	0.98	1.35
乙基环己烷	0.99	0.99	正戊醇		1.39
环庚烷		0.99	戊醇-2	1.02	
四、不饱和烃			正己醇	1.11	1.35
乙烯	0.75	0.98	正庚醇	1.16	
丙烯	0.83		正辛醇		1.17
异丁烯	0.88		正癸醇		1.19
正丁烯-1	0.88		环己醇	1.14	
戊烯-1	0.91		七、醛		
己烯-1		1.01	乙醛	0.87	
己炔		0.94	丁醛		1.61
五、芳香烃			庚醛		1.30
苯*	1.00*	0.89	辛醛		1.28
甲苯	1.02	0.94	癸醛		1.25
乙苯	1.05	0.97	八、酮		
间二甲苯	1.04	0.96	丙酮	0.87	2.04
对二甲苯	1.04	1.00	甲乙酮	0.95	1.64
邻二甲苯	1.08	0.93	二乙基酮	1.00	

物质名称	热导	氢焰	物质名称	热导	氢焰
八、酮			十二、胺与腈		
3-己酮	1.04		正己胺	1.25	
2-己酮	0.98		二乙胺		1.64
甲基正戊酮	1.10		乙腈	0.68	
环戊酮	1.01		丙腈	0.83	
环己酮	1.01		正丁腈	0.84	
九、酸			苯胺	1.05	1.03
乙酸		4.17	十三、卤素化合物		
丙酸		2.5	二氯甲烷	1.14	
丁酸		2.09	氯仿	1.41	
己酸		1.58	四氯化碳	1.64	
庚酸		1.64	1,1-二氯乙烷	1.23	
辛酸		1.54	1,2-二氯丙烷	1.30	
十、酯			三氯乙烯	1.45	
乙酸甲酯		5.0	1-氯丁烷	1.10	
乙酸乙酯	1.01	2.64	1-氯戊烷	1.10	
乙酸异丙酯	1.08	2.04	1-氯己烷	1.14	
乙酸正丁酯	1.10	1.81	氯苯	1.25	
乙酸异丁酯		1.85	邻氯甲苯	1.27	
乙酸异戊酯	1.10	1.61	氯代环己烷	1.27	
乙酸正戊酯	1.14		溴乙烷	1.43	
乙酸正庚酯	1.19		1-溴丙烷	1.47	
十一、醚			1-溴丁烷	1.47	
乙醚	0.86		2-溴戊烷	1.52	
异丙醚	1.01		碘甲烷	1.89	
正丙醚	1.00		碘乙烷	1.89	
乙基正丁基醚	1.01		十四、杂环化合物		
正丁醚	1.04		四氢呋喃	1.11	
正戊醚	1.10		吡咯	1.00	
十二、胺与腈			吡啶	1.01	
正丁胺	0.82		四氢吡咯	1.00	
正戊胺	0.73		喹啉	0.86	

物质名称	热导	氢焰	物质名称	热导	氢焰
十四、杂环化合物			十五、其他		
哌啶	1.06	1.75	二氧化碳	1.18	氢焰无信号
十五、其他			一氧化碳	0.86	氢焰无信号
水	0.70	氢焰无信号	氩	0.22	
硫化氢	1.14	氢焰无信号	氮	0.86	氢焰无信号
氨	0.54	氢焰无信号	氧	1.02	氢焰无信号

注：*基准：f_g 也可用 f_m 表示。
① 顾蕙详，阎宝石. 气相色谱使用手册[M]. 2 版. 北京：化学工业出版社，1990：513-517. 由原文献[J Chromatogr, 1973, 11(5): 237]换成苯的 f 为 1 而得（原文献虽然以苯为基准，但苯的 f=0.78）。载气为氦气。J Chromatogr, 1967, 5(2): 68（摘译）。以正庚烷为基准，其 f=1。
② 校正因子各书符号不一致，通常用校正因子校准时，峰面积与校正因子相乘；用灵敏度（S）校准时，峰面积除以灵敏度。S=1/f 或 S'=100/f。

B3 《人用药品国际注册的药学研究技术要求》选录

《人用药品国际注册的药学研究技术要求》（ICH）根据危害程度将有机溶剂分为三类：第一类为人体致癌物、疑为人体致癌物或环境污染物，是药品生产中应避免的溶剂。第二类为非遗传毒性动物致癌或可能导致其他不可逆毒性（如神经毒性、致畸性）；疑具有其他严重的但可逆的毒性，属于应限制的溶剂。第三类为对人体低毒、无接触限度，属低毒性溶剂。表 B3 和表 B4 列出了一、二类溶剂及其限量。

表 B3 药品中含第一类溶剂的限度

溶剂	浓度限度 ppm/10^{-6}	备注
苯	2	致癌物
四氯化碳	4	毒性及环境公害
1,2-二氯乙烷	5	毒性
1,1-二氯乙烷	8	毒性
1,1,1-三氯乙烷	1500	环境公害

表 B4 药品中含第二类溶剂的限度

溶剂	PDE/mg·d^{-1}	浓度限度 ppm/10^{-6}
乙腈	4.1	410
氯苯	3.6	360
氯仿	0.6	60
环氧乙烷	38.8	3880

溶剂	PDE/mg·d^{-1}	浓度限度 ppm/10^{-6}
1,2-二氯乙烯	18.7	1870
二氯甲烷	6	600
1,2-二氯亚砜	1	100
N,N-二甲乙酰胺	10.9	1090
N,N-二甲基甲酰胺	8.8	880
1,4-二噁烷	3.8	380
2-乙氧基乙醇	1.6	160
乙二醇	3.1	310
甲酰胺	2.2	220
正己烷	2.9	290
甲醇	30	3000
2-甲氧基乙醇	0.5	50
甲基丁酮	0.5	50
甲基环己烷	11.8	1180
N-甲基吡咯烷酮	48.4	4840
硝基甲烷	0.5	50
吡啶	2	200
四氢噻吩砜	1.6	160
四氯化萘	1	100
1,1,2-三氯乙烯	0.8	80
二甲苯	21.7	2170

注：PDE——允许的日接触量。

B4 高效液相色谱常用固定相及应用

表 B5 全多孔硅胶

类型	代号	粒度/μm	比表面积/m^2·g^{-1}	孔径(A)	生产厂
1.无定型硅胶	YWG	3~5,5~7,7~10	300	<100	青岛海洋化工厂
	LiChrosorb SI~60	5,10	550	60	E. Merk
	Patisil 5	5	400	40~50	Whatman

类型	代号	粒度/μm	比表面积 /m²·g⁻¹	孔径(A)	生产厂
2.球形硅胶	YQG	3，5，7			青岛海洋化工厂
	μ-Porasil	10	400		Waters
	Adsorbosphere-HS[①]	3，5，7	350	60	Alltech
	Spherisorb	3，5，10	220	80	Harwell
	Nucleosil-100	3，5，7	350	100	Macherey-Nagel

注：① HS: high surface。

表 B6　化学键合相（以全多孔硅胶为载体的固定相）

种类与型号	键合基团	载体	形状	粒度/μm	覆盖率/%	生产厂
一、化学键合相色谱						
1.非极性键合相						
YWG-C$_{18}$H$_{37}$	—Si(CH$_2$)$_{17}$CH$_3$	YWG	无定形	10±2	11	天津试剂工厂
Micropak CH	—Si(CH$_2$)$_{17}$CH$_3$	LiChrosorb SI-60	无定形	5，10	22	Varian
μ-Bondapak-C$_{18}$	—Si(CH$_2$)$_{17}$CH$_3$	μ-Porasil	球形	10	10	Waters
Zorbax-ODS	—Si(CH$_2$)$_{17}$CH$_3$		球形	5～7		Du Pont
Adsorbosphere	—Si(CH$_2$)$_{17}$CH$_3$	Adsorbosphere HS	球形	3，5，7	20	Alltech
HS-C$_{18}$	—Si(CH$_2$)$_{17}$CH$_3$	Spherisorb	球形	3，5，10	6	Phase Sepration
Spherisorb ODS-1	—Si(CH$_2$)$_{17}$—C$_6$H$_5$	LiChrosorb	无定形	10	6	E. Merk
YWG-C$_6$H$_5$	—Si(CH$_2$)$_7$CH$_3$	YWG	无定形	10	3～14	天津试剂二厂
LiChrosorb RP-8	—Si(CH$_2$)$_7$CH$_3$	Adsorbosphere	球形	3，5，7	8	Alltech
Adsorbosphere C$_8$	—Si(CH$_2$)$_7$CH$_3$	Spherisorb	球形	3，5，10	6	Phase Sepration
Spherisorb C$_8$						
2.极性键合相						
YWG-CN	—Si(CH$_2$)$_2$CN	YWG	无定形	10	8	天津试剂二厂
Micropak-CN	—Si(CH$_2$)$_2$CN	LiChrosorb	无定形	10		Varian
Adsorbosphere CN	—Si(CH$_2$)$_2$CN	Adsorbosphere	球形	5，10		Alltech
Spherisorb CN	—Si(CH$_2$)$_2$CN	Spherisorb	球形	3，5，10		Phase Sepration
YWG-NH$_2$	—Si(CH$_2$)$_3$—NH$_2$	YWG	无定形	10	10	天津试剂二厂
μ-Bondapak NH$_2$	—Si(CH$_2$)$_3$—NH$_2$	μ-Proasil	球形	10		Waters
LiChrosorb NH$_2$	—Si(CH$_2$)$_3$—NH$_2$	LiChrosorb	无定形	5，10		E. Merk

种类与型号	键合基团	载体	形状	粒度/μm	覆盖率/%	生产厂
二、离子交换色谱						
1. 强酸性阳离子交换剂						
YWG-SO₃H	—(CH₂)₂—C₆H₄—SO₃H	YWG	无定形	10	7	天津试剂厂
Zorbax SCX	SO₃H		球形	6~8	(5000)	Du Pont
Nucleosil SA	—SO₃H		球形	5, 10		Macherey-Nagel
2.强碱性阴离子						
交换剂						
YWG - R₄NCl		YWG	无定形	10		
Zorbax SAX	—[N(CH₃)—CH₂C₆H₅]·Cl⁻		球形	6~8	7 (1000)	天津试剂二厂 Du Pont
Nucleosil SB	—NR₃⁺—NMe₃ Cl⁻		球形	5, 10	(1000)	Macherey-Nagel

注：① 固定相的孔径与比表面积等同载体。覆盖率项下括号中数值为交换容量(μmol/L)。

② SCX: strong acid type cation exchanger；SAX: strong base type anion exchanger；

SA: strong acid type (cation);SB: strong base type (anion)

③ 各种化学键合相，特别是离子交换剂，只举少数几个，了解了载体的性质引入不同的官能团，可以组成各种化学键合相，起到举一反三的效果。

表 B7　各种固定相的主要应用

固定相	色谱类型	常用流动相①	分析对象（参考）
1.硅胶	吸附色谱（ISC）	烷烃加极性调整剂	各类稳定分子型化合物,分离几何异构体更有力
2.十八烷基键合相（ODS）	（1）RHPLC	甲醇-水或乙腈-水	各类分子型化合物
	（2）RPIC	在 RHPLC 溶剂中加 PIC 试剂并调至一定的 pH	各类有机酸、碱、盐及两性化合物
	（3）ISC	在 RHPLC 溶剂中加入少量的弱酸、弱碱或缓冲盐并调至一定的 pH	$3.0 \leqslant pK_a \leqslant 7.0$ 的有机弱酸与 $7.0 \leqslant pK_a \leqslant 8.0$ 的有机弱碱及两性化合物
3.苯基键合相	RHPLC	甲醇-水或乙腈-水	芳香化合物
4.醚基键合相	NHPLC 或 RHPLC	同 LSC 或同 RHPLC	效果与 ODS 类似，但表面极性稍强
5.氰基键合相	NHPLC（多用）或 RHPLC	同 LSC 或同 RHPLC	在用于 NHPLC 时，分离苯酚异构体较好

固定相	色谱类型	常用流动相①	分析对象（参考）
6.氨基键合相	（1）RHPLC （2）NHPLC	乙腈-水 同 LSC	各类弱极性至极性化合物
7.阳离子交换剂（SCX）	（1）IEC （2）IC（抑制柱②为 SAX）	缓冲溶液（一定的 pH 及离子强度） HCl 溶液 同上 IEC	糖类分析等,同氰基键合相 阳离子、生物碱、氨基酸及有机碱等
8.阴离子交换剂（SAX）	（1）IEC （2）IC（抑制柱②为 SAX）	NaOH 溶液 水溶液	阳离子分析(主要是无机阳离子) 阴离子（主要是无机阴离子）、有机酸等
9.凝胶	（1）GFC （2）GPC	有机溶剂	水溶性高分子,如蛋白制剂、人工代血浆等 橡胶、塑料及化纤等

注：①只举常用简单流动相。
　　②离子色谱法需两根色谱柱，一根为分析柱，另一根为抑制柱，二者的性质相反。抑制柱串联在分析柱与检测器之间，其目的是交换通过分析柱后流动相的剩余离子，使流动相变为水，以降低流动相的本底信号。
　　③也有文献认为氨基柱属于吸附色谱。

B5　高效液相色谱常用流动相的性质

表 B8　常见溶剂的极性参数 P' 与分子间作用力

溶剂	P'	X_e	X_d	X_n	组别	溶剂	P'	X_e	X_d	X_n	组别
正戊烷	0.0	—	—	—	—	乙醇	4.3	0.51	0.19	0.29	II
正己烷	0.1	—	—	—	—	乙酸乙酯	4.4	0.34	0.23	0.43	VI
环己烷	0.2	—	—	—	—	甲乙酮	4.7	0.35	0.22	0.43	VI
二硫化碳	0.3	—	—	—	—	环己酮	4.7	0.36	0.22	0.42	VI
四氯化碳	1.6	—	—	—	—	苯腈	4.8	0.31	0.27	0.42	VI
三乙胺	1.9	0.56	0.12	0.32	I	丙酮	5.1	0.35	0.23	0.42	VI
丁醚	2.1	0.44	0.18	0.38	I	甲醇	5.1	0.48	0.22	0.31	II
异丙醚	2.4	0.48	0.14	0.38	I	硝基乙烷	5.2	0.28	0.29	0.43	VII
甲苯	2.4	0.25	0.28	0.47	VII	二缩乙二醇	5.2	0.44	0.23	0.33	III

溶剂	P'	X_e	X_d	X_n	组别	溶剂	P'	X_e	X_d	X_n	组别
苯	2.7	0.23	0.32	0.45	VII	吡啶	5.3	0.41	0.22	0.36	III
乙醚	2.8	0.53	0.13	0.34	I	甲氧基乙醇	5.5	0.38	0.24	0.38	III
二氯甲烷	3.1	0.29	0.18	0.53	V	三缩乙二醇	5.6	0.42	0.24	0.34	III
苯乙醚	3.3	0.28	0.28	0.44	VII	苯甲醇	5.7	0.40	0.30	0.30	IV
1,2-二氯乙烷	3.5	0.30	0.21	0.49	V	乙腈	5.8	0.31	0.27	0.42	VI
异戊醇	3.7	0.56	0.19	0.25	II	乙酸	6.0	0.39	0.31	0.30	IV
苯甲醚	3.8	0.27	0.29	0.43	VIII	丁丙酯	6.5	0.34	0.26	0.40	VI
异丙醇	3.9	0.55	0.19	0.26	II	氧二丙腈	6.8	0.31	0.29	0.40	VI
正丙醇	4.0	0.54	0.19	0.27	II	乙二醇	6.9	0.43	0.29	0.28	IV
四氢呋喃	4.0	0.38	0.20	0.42	III	二甲基亚砜	7.2	0.39	0.23	0.39	III
特丁醇	4.1	0.56	0.20	0.24	II	四氟丙醇	8.6	0.34	0.36	0.30	VIII
二苄醚	4.1	0.30	0.28	0.42	VIII	甲酰胺	9.6	0.36	0.33	0.30	IV
氯仿	4.1	0.25	0.41	0.33	VIII	水	10.2	0.37	0.37	0.25	VIII

注：① 参考物与被检溶剂间的作用力关系如表 B7 所示。

表 B9　参考物与被检溶剂间的作用力关系

参考物	乙醇（质子给予体）	二氧六环（质子受体）	硝基甲烷（强偶极）
被检溶剂作用力类型	质子受体作用力（X_e）	质子给予作用力（X_d）	强偶极作用力（X_n）

② X_e、X_d 及 X_n 为相对数，三者之和为 1。

表 B10　Snyder 的溶剂选择性分组（部分）

组别	溶剂
I	脂肪醚、四甲基胍、六甲基磷酰胺（三烷基胺）
II	脂肪族醇
III	吡啶衍生物、四氢呋喃、酰胺（甲酰胺除外）、亚砜
IV	乙二醇、苄醇、乙酸、甲酰胺
V	二氯甲烷、氯化乙烯
VI	（a）三甲苯基磷脂酸、脂肪酮和酯、聚醚、二噁烷 （b）砜、腈、碳酸丙烯酯
VII	芳烃、卤代芳烃、硝基化合物、芳醚
VIII	氟代醇、间甲酚、水、氯仿

表 B11 反相洗脱溶剂的强度因子 S 值

溶剂	S 值	组别
水	0	Ⅷ
甲醇	3.0	Ⅱ
乙腈	3.2	Ⅵ
丙酮	3.4	Ⅵ
二噁英	3.5	Ⅵ
乙醇	3.6	Ⅱ
异丙醇	4.2	Ⅱ
四氢呋喃	4.5	Ⅲ

B6 标准缓冲溶液的 pH（0~95 ℃）

表 B12 标准缓冲溶液的 pH

温度/℃	草酸三氢钾（0.05 mol/L）	25 ℃饱和酒石酸氢钾	0.05 mol/L 邻苯二甲酸氢钾	0.025 mol/L KH$_2$PO$_4$+0.025 mol/L Na$_2$HPO$_4$	0.01 mol/L 硼砂	25 ℃饱和氢氧化钙
0	1.666	—	4.003	6.984	9.464	13.423
5	1.668	—	3.999	6.951	9.359	13.207
10	1.670	—	3.998	6.923	9.332	13.003
15	1.672	—	3.999	6.900	9.276	12.810
20	1.675	—	4.002	6.881	9.225	12.627
25	1.679	3.557	4.008	6.865	9.180	12.454
30	1.683	3.552	4.015	6.853	9.139	12.289
35	1.688	3.549	4.024	6.844	9.102	12.133
38	1.691	3.548	4.030	6.840	9.081	12.043
40	1.694	3.547	4.035	6.838	9.068	11.984
45	1.700	3.547	4.047	6.834	9.038	11.841
50	1.707	3.549	4.060	6.833	9.011	11.705
55	1.715	3.554	4.075	6.834	8.985	11.574
60	1.723	3.560	4.091	6.836	8.962	11.449
70	1.743	3.580	4.126	6.845	8.921	—

温度/°C	草酸三氢钾（0.05 mol/L）	25 °C 饱和酒石酸氢钾	0.05 mol/L 邻苯二甲酸氢钾	0.025 mol/L KH$_2$PO$_4$+0.025 mol/L Na$_2$HPO$_4$	0.01 mol/L 硼砂	25 °C 饱和氢氧化钙
80	1.766	3.609	4.164	6.859	8.885	—
90	1.792	3.650	4.205	6.877	8.850	—
95	1.806	3.674	4.227	6.886	8.833	—

B7 常用溶剂的截止波长

表 B13 常用溶剂的截止波长

溶剂	紫外最大吸收波长/nm	极限波长/nm	折光率（20 °C）	黏度（cp 20 °C）
石油醚		210		
正戊烷		195	1.355	0.23
环戊烷	190	200	1.406	0.47
环己烷		200	1.423	1.00
二硫化碳		380	1.626	0.37
二甲苯	269	290	1.50	
甲苯	269	285	1.496	0.59
1-氯正丙烷		225	1.389	0.35
苯	256	280	1.501	0.65
乙醚	190	220	1.353	0.23
氯仿		245	1.443	0.57
二氯甲烷		233	1.424	0.44
四氢呋喃	200	212	1.408	0.47
二氯乙烯		230	1.445	
甲乙酮	281	330	1.381	0.40
丙酮	279	330	1.359	0.32
二氧六环	192	220	1.422	1.54
醋酸乙酯	220	260	1.370	0.45
硝基甲烷	274	280	1.362	0.37
戊醇		320	1.480	

續表

溶剂	紫外最大吸收波长/nm	极限波长/nm	折光率（20 ℃）	黏度（cp 20 ℃）
二乙胺	195		1.39	
乙腈	170	190	1.344	0.36
吡啶	255	305	1.510	
正丙醇、异丙醇	186	210	1.38	2.3
乙醇	186	210	1.361	1.20
甲醇	177	205	1.329	0.60
醋酸	208	230	1.372	1.26
水	200	210	1.333	1.00

B8　原子吸收分光光度法中常用的分析线

表 B14　原子吸收分光光度法中常用的分析线

元素	分析线/nm		元素	分析线/nm		元素	分析线/nm		元素	分析线/nm	
Ag	328.1	338.3	Eu	459.4	462.7	Na	589.0	330.3	Sm	429.7	520.1
Al	309.3	308.2	Fe	248.3	352.3	Nb	334.4	358.0	Sn	224.6	286.3
As	193.6	197.2	Ga	287.4	294.4	Nd	463.4	471.9	Sr	460.7	407.8
Au	242.8	267.6	Gd	368.4	407.9	Ni	232.0	341.5	Ta	271.5	277.6
B	249.7	249.8	Ge	265.2	275.5	Os	290.9	305.9	Tb	432.7	431.9
Ba	553.6	455.4	Hf	307.3	286.6	Pb	216.7	283.3	Tc	214.3	225.9
Be	234.9		Hg	253.7		Pd	247.6	244.8	Th	371.9	380.3
Bi	223.1	222.8	Ho	410.4	405.4	Pr	495.1	513.3	Ti	364.3	337.2
Ca	422.7	239.9	In	303.9	325.6	Pt	266.0	306.5	Tl	276.8	377.6
Cd	228.8	326.1	Ir	209.3	208.9	Rb	780.0	794.8	Tm	409.4	
Ce	520.0	369.7	K	766.5	769.9	Re	346.1	346.5	U	351.5	358.5
Co	240.7	242.5	La	550.1	418.7	Rh	343.5	339.7	V	318.4	385.6
Cr	357.9	359.4	Li	670.8	323.3	Ru	349.9	372.8	W	255.1	294.7
Cs	852.1	455.5	Lu	336.0	328.2	Sb	217.6	206.8	Y	410.2	412.8
Cu	324.8	327.4	Mg	285.2	279.6	Sc	391.2	402.0	Yb	398.8	346.4
Dy	421.2	404.6	Mn	279.5	403.7	Se	196.1	204.0	Zn	213.9	307.6
Er	400.8	415.1	Mo	313.3	217.0	Si	251.6	250.7	Zr	360.1	301.2

B9 常见官能团红外吸收特征频率

表 B15 常见官能团红外吸收特征频率

化合物类型	官能团	吸收频率/cm^{-1}					备注
		4000~2500	2500~2000	2000~1500	1500~900	900以下	
烷基	—CH$_3$	2960，尖[70] 2870，尖[30]			1460[<15] 1380[15]		1.与氧、氯原子相连时，2870 的吸收移向低波数 2.偕二甲基使 1380 的吸收产生双峰
烷基	—CH$_2$	2925，尖[75] 2825，尖[45]			1470[8]	725~720[3]	1. 与氧、氯原子相连时，2850 的吸收移向低波数 2. —(CH$_2$)$_n$—中，$n>4$ 时方有 725~720 的吸收，当 n 小时向高波数移动
	▲ 三元碳环	3000~3080[变化]					三元环上有氢时，方有此吸收
不饱和烃	—CH$_2$	3080[30] 2975[中]					
	—CH—	3020[中]					
	C—C			1675~1600[中-弱]			共轭烯移向较低波数
	—CH—CH$_2$				990，尖[50] 910，尖[110]		
	—C=CH$_2$					895，尖[100~150]	
	反式二氢				965，尖[100]		
	顺式二氢					800~650[40~100]	常出峰于 730~675
	三取代烯					840~800，尖[40]	

化合物类型	官能团	吸收频率/cm⁻¹					备注
		4000～2500	2500～2000	2000～1500	1500～900	900 以下	
不饱和烃	≡CH	3300，尖[100]					
	—C≡C—		2140～2100[5]				末端炔基
			2260～2190[1]				中间炔基
苯环及稠芳环	C—C				1600，尖[<100] 1580[变] 1500，尖[<100]	1450[中]	
苯环及稠芳环	—CH	3030[<60]					
				2000～1600[5]			当该区无别的吸收峰时，可见几个弱吸收峰
						900～850[中]	苯环上孤立氢（如苯环上五取代）
						860～800，尖[强]	苯环上两个相邻氢，常出现在820～800处
						800～750，尖[强]	苯环上有三个相邻氢
						770～730，尖[强]	苯环上有四个或五个相邻氢
						710～690，尖[强]	苯环单取代，1,3-二取代；1,3,5-及 1,2,3-三取代时附加此吸收
杂芳环	吡啶	3075～3020，尖[强]		1620～1590[中] 1500[中]		920～720，尖[强]	900 以下吸收近似于苯环的吸收位置(以相邻氢的数目考虑)
	呋喃	3165～3125[中，弱]		～1600，～1500	～1400		
	吡咯	3490，尖[强] 3125～3100[弱]		1600～1500[变化]（两个吸收峰）			NH产生的吸收 —CH产生的吸收
	噻吩	3125～3050		～1520	～1410	750～690，[强]	

化合物类型	官能团	吸收频率/cm⁻¹					备注
		4000~2500	2500~2000	2000~1500	1500~900	900以下	
醇和酚		游离态:					存在于非极性溶剂的稀溶液中
	伯醇	3640,尖[70]			1050,尖[60~200]		
	仲醇	3630,尖[55]			1100,尖[60~200]		
	叔醇	3620,尖[45]			1150,尖[60~200]		
	酚	3610,尖[中]			1200,尖[60~200]		
醇和酚		分子间氢键:					
	二聚体	3600~3500			同上		常被多聚体的吸收峰掩盖
	多聚体	3600,宽[强]					
	多元醇	3600~3500[50~100]					
	π-氢键	3600~3500					
	聚合键	3200~2500,宽[弱]					
醚	C—O—C				1150~1070[强]		
	—C—O—C				1275~1200[强]		
					1075~1020[强]		
	△O	3050~3000[中,弱]					环上有氢时方有此吸收峰
					1250[强]	950~810[强]	
						840~750[强]	

化合物类型	官能团	吸收频率/cm^{-1}					备注
		4000~2500	2500~2000	2000~1500	1500~900	900以下	
酮	链状饱和酮			1725~1705,尖[300~600]			
	环状酮:						
	大于七元环			1720~1700,尖[极强]			
	六元环			1725~1705,尖[极强]			
	五元环			1750~1740,尖[极强]			
酮	环状酮:						
	四元环			1775,尖[极强]			
	三元环			1850,尖[极强]			
	不饱和酮:						
	α, β-不饱和酮			1685~1665,尖[极强]			羰基吸收
				1650~1600,尖[极强]			烯键吸收
	Ar—CO—			1700~1680,尖[极强]			羰基吸收
	Ar—CO—Ar $\alpha, \beta, \alpha', \beta'$-不饱和酮			1670~1660,尖[极强]			羰基吸收
	α-取代酮			1745~1725,尖[极强]			
	α-二卤代酮			1765~1745,尖[极强]			
	二酮: —C—CO—			1730~1710,尖[极强]			当两个羰基不相连时,基本上恢复到链状饱和酮的吸收位置

化合物类型	官能团	吸收频率/cm^{-1}					备注
		4000~2500	2500~2000	2000~1500	1500~900	900以下	
	醌: 1,2-苯醌 1,4-苯醌			1690~1660,尖[极强]			
	草酮			1650,尖[极强]			
醛	饱和醛	2820[弱],2720[弱]		1740~1720,尖[极强]			
醛	不饱和醛:						
	α,β-不饱和醛			1705~1680,尖[极强]			
	α,β,γ,δ-不饱和醛			1680~1660,尖[极强]			
	Ar—CHO			1715~1695,尖[极强]			
羧酸	饱和羧酸	3000~2500,宽		1760[1500]	1440~1395[中,强]		1760为单体吸收
				1725~1700[1500]	1320~1210[强] 920,宽[中]		1725~1700 为二聚体吸收,可能出现两个吸收,分别为单体和二聚体吸收
	α,β-不饱和羧酸			1720[极强] 1715~1690[极强]			
	Ar—COOH			1700~1680[极强]			
	α-卤代羧酸			1740~1720[极强]			
酸酐	饱和、链状酸酐			1820[极强] 1760[极强]	1170~1045[极强]		
	α,β-不饱和酸酐			1775[极强] 1720[极强]			

化合物类型	官能团	吸收频率/cm⁻¹					备注
		4000～2500	2500～2000	2000～1500	1500～900	900以下	
	六元环酸酐			1800[极强] 1750[极强]	1300～ 1175[极强]		
	五元环酸酐			1865[极强] 1785[极强]	1300～ 1200[极强]		
羧酸酯	饱和链状 羧酸酯			1750～1730, 尖[500～1000]	1300～ 1050（两个 峰）[极强]		

附录 C 工作曲线绘制

C1 基本原理

回归分析法是指根据实验数据建立两个或两个以上变量的数量关系（回归方程），并据此由一个或几个变量的值去估计另一个变量的值的数理统计方法。当自变量只有一个且在坐标图上的变化轨迹近似一直线时，称为一元线性回归。定量分析中常用的是一元线性回归分析法，可求出对各数据点误差最小的直线即回归直线，再由回归直线反估待测物质的含量及其置信区间，结果较准确，并可检验测定结果的线性相关关系和回归直线拟合好坏。

确定回归直线的原则是使它与所有测量数据的误差的平方和达到极小值。

设回归直线方法为

$$y = a + bx \tag{C1}$$

式中　y——因变量（如吸光度、电极电位和峰面积等分析信号）；

x——自变量（如标准溶液的浓度等可以严格控制或精确测量的变量）；

a——回归直线的截距；

b——回归直线的斜率。

回归直线的总误差为各数据点（y_i，x_i）与回归直线的离差的平方和（残余差方和），用 Q 表示，即

$$Q = \sum d_i^2 = (y_i - y)^2 = (y_i - a - bx_i)^2 \tag{C2}$$

回归分析常用最小二乘法，即回归直线是所有直线中离差平方和最小的一条直线，因此回归直线的截距 a 和斜率 b 应使 Q 为极小值。根据微积分求极值的原理，Q 为极小值的条件为它对 a 和 b 的偏微分为零，常数 a 和 b 可分别推导得出：

$$a = \frac{\sum\limits_{i=1}^{n} x_i y_i - n\overline{xy}}{\sum\limits_{i=1}^{n} x_i^2 - n\overline{x}^2} \tag{C3}$$

$$b = \overline{y} - a\overline{x} \tag{C4}$$

式中　$\overline{y}$、$\overline{x}$——各数据点的平均值。

两个变量之间是否存在线性相关关系可用相关系数 r/R 来检验。相关系数定义为回归数据点 x_i 的标准偏差的 b 倍与 y_i 的标准偏差之比值（b 为回归直线的斜率）。

$$r = \frac{bS_x}{S_y} = b\sqrt{\frac{\sum(x_i - \overline{x})^2}{\sum(y_i - \overline{y})^2}} \qquad (C5)$$

当 r 的绝对值越趋近于 1 时,实验点就越靠近回归直线,y 与 x 线性关系越密切。

C2　用 Excel 绘制标准曲线

Microsoft Excel 是微软公司开发的 Windows 环境下的电子表格系统,是目前应用最广泛的表格处理软件之一,具有强有力的数据库管理、丰富的函数及图表功能。Excel 在实验设计与数据处理中的应用主要体现在图表功能、公式与函数、数据分析工具这几个方面。用普通科学函数计算器进行回归分析,需要 20 多个计算步骤,不但烦琐、费时而且容易出错。用 Microsoft Excel 电子表格等软件的回归分析函数和公式进行计算较简便和准确。简易操作如下。

以吸光光度法测定磷含量的数据为例,测定结果如表 C1。

表 C1　吸光光度法测定磷含量结果

标液及试液编号	1	2	3	4	5	样品
磷含量/$\mu g \cdot mL^{-1}$	0.200	0.400	0.600	0.800	1.00	
吸光度 A	0.158	0.317	0.471	0.625	0.788	0.437

(1)将数据整理好输入 Excel,并选取完成的数据区,并点击"插入"标签,在图表类型中选"散点图"。如图 C1 所示。

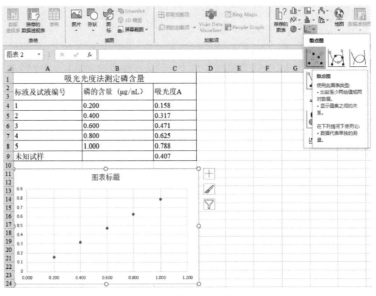

图 C1　散点图的绘制

（2）右键在图中点击任意一个散点，选择"添加趋势线"，如图 C2 所示。

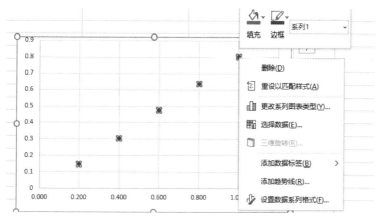

图 C2　添加趋势线

（3）在"设置趋势线格式"标签中选择"自动""线性"，勾选"显示公式""显示 R 平方值"，如图 C3 所示。此时 $|R| = 0.9999$。

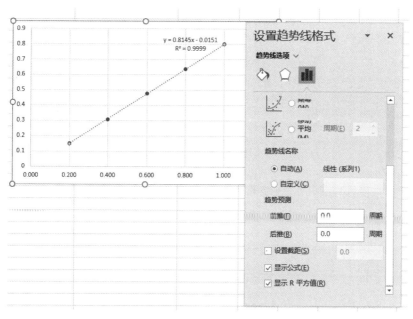

图 C3　设置趋势线公式和 R 平方值

（4）根据所得标准曲线及未知样品的吸收值，可以算出其磷含量。